高等院校计算机任务驱动教改教材

U0187901

PHP
动态网站开发案例教程

第2版

陈明忠 杨杰涌 主编

清华大学出版社

北京

内 容 简 介

本书详细介绍了 PHP 7.2 的基础知识、特点和动态网页的开发应用。全书分为 10 章,内容包括 PHP
开发环境、PHP 语言基础、PHP 数组与字符串、PHP 面向对象程序设计、构建 PHP 互动网页、MySQL 数
据库基础、PHP 访问 MySQL 数据库、PHP 常用功能模块、PHP 安全编程、学生学籍成绩管理系统开发
实例。

本书针对高职高专学生的特点,做到理论知识适用、够用,专业技能实用、够用,密切联系实际。本书
以实例带动功能的介绍,语言通俗易懂,结构清晰,突出了 PHP 在动态网页开发方面的强大功能,使学生
能快速掌握和运用 PHP+MySQL 的编程技巧。

本书可作为高职院校、独立学院、职教本科信息工程类专业的教学用书,也可作为 PHP 网站开发人员
的自学参考书和相关培训班的教学用书。

本书封面贴有清华大学出版社防伪标签,无标签者不得销售。

版权所有,侵权必究。举报:010-62782989,beiqinquan@tup.tsinghua.edu.cn。

图书在版编目(CIP)数据

PHP 动态网站开发案例教程/陈明忠,杨杰涌主编.—2 版.—北京:清华大学出版社,2023.2
高等院校计算机任务驱动教改教材
ISBN 978-7-302-62663-3

Ⅰ.①P…　Ⅱ.①陈…②杨…　Ⅲ.①网页制作工具-PHP 语言-程序设计-案例-高等学校-教材
Ⅳ.①TP393.092.2②TP312.8

中国国家版本馆 CIP 数据核字(2023)第 022080 号

责任编辑:王剑乔
封面设计:刘　键
责任校对:刘　静
责任印制:刘海龙

出版发行:清华大学出版社
　　　　　网　　　址:http://www.tup.com.cn,http://www.wqbook.com
　　　　　地　　　址:北京清华大学学研大厦 A 座　　　　　　邮　　编:100084
　　　　　社 总 机:010-83470000　　　　　　　　　　　　　邮　　购:010-62786544
　　　　　投稿与读者服务:010-62776969,c-service@tup.tsinghua.edu.cn
　　　　　质量反馈:010-62772015,zhiliang@tup.tsinghua.edu.cn
　　　　　课件下载:http://www.tup.com.cn,010-83470410
印 装 者:三河市天利华印刷装订有限公司
经　　销:全国新华书店
开　　本:185mm×260mm　　　　　　印　张:15.75　　　　　　字　数:381 千字
版　　次:2017 年 6 月第 1 版　　2023 年 2 月第 2 版　　　印　次:2023 年 2 月第 1 次印刷
定　　价:49.00 元

产品编号:097889-01

第 2 版 前 言

FOREWORD

由入门者快速成为编程高手,这是每一位网站开发人员梦寐以求的事情。以精巧的例题引导人、以精彩的程序启发人、以精辟的语言教育人是本书长期追求的目标。本书第 1 版自 2017 年 6 月出版以来,已重印 7 次,总发行量超过一万五千册,得到全国各地朋友的广泛好评,被国内五十多所高校选定为教材。近期有很多热心读者通过邮件或者电话等方式,在 PHP 版本问题和内容组织方面提出了宝贵意见,这为本书第 2 版的编写提供了思路,谢谢你们。

本书第 2 版与第 1 版相比,主要区别表现在以下三个方面。

(1) 将第 1 版第 1 章中使用的开发工具 WampServer 2.5(含 Apache 2.4.9、MySQL 5.6.17、PHP 5.5.12)更新为 WampServer 3.1.7(含 Apache 2.4.37、MySQL 5.7.24、PHP 7.2.14),并修改了 WampServer 的安装和配置相关内容。将第 1 版第 1 章使用的编辑器 Dreamweaver CS4 更新为 Dreamweaver CS6,并修改了 Dreamweaver 创建 PHP 站点的过程。

(2) 第 1 版中第 6 章创建 MySQL 数据库时,没有为数据库指定适当的字符集和排序规则,等到创建数据表时才逐个指定字符集和排序规则,以避免数据表中的汉字不乱码。第 2 版中在创建 MySQL 数据库时,就为数据库指定适当的字符集和排序规则,一次就能避免该库中全部数据表中的汉字不乱码,在创建数据表时不必再指定字符集和排序规则。

(3) 删除过时的内容,以新技术置换。第 1 版的第 7 章、第 10 章使用 MySQL 函数访问 MySQL 数据库,而 PHP 5.3 以上版本建议使用 MySQLi 函数访问 MySQL 数据库,MySQLi 是 MySQL 的改进版。因此,第 2 版中的第 7 章、第 10 章使用 MySQLi 函数访问 MySQL 数据库,书中的连接服务器、执行 SQL 语句、关闭连接以及处理结果集的语句都发生相应变化。实例代码及项目实训代码也做了相应修改。

目前,市场上介绍有关 PHP 开发的书不少,但适合作为高职院校、职教本科 PHP 教材的书并不多。本书以 WampServer 3.1.7 为编译器,结合编者多年的项目开发经验以及丰富的教学经验,详细介绍了 PHP 7.2 的基础知识、特点和具体的应用。本书设计的学生学籍成绩管理系统用来统计和管理二级学院(学系)在读学生的学籍和各学期成绩,整个系统被划分为系统管理员、任课教师和学生三个子系统,系统管理员子系统包含教师管理、班级管理、学生学籍管理、课程设置管理、开课表管理、学生成绩统计等模块;任课教师子系统包含学生学籍查询、学生成绩管理等模块;学生子系统包含成绩查询等模块。本书使用业界流行的核心技术,给出各个模块具体的功能设计和实现代码。本书按照软件产品开发的规范与流程,对系统进行需求分析、数据库设计以及功能模块的划分,有利于读者了解一个实际项目的开发流程。

　　本书内容的讲解由浅入深，循序渐进，通俗易懂，适合自学，力求具有实用性、可操作性。书中对每个知识点都有实例演示，有助于学生理解概念、巩固知识、掌握要点、攻克难点。在每章后精心设计了2～4道较为实用的实训题，进一步检验学生对各个知识点的综合应用能力。书中所有实例程序均上机调试通过，通过阅读本书，结合上机实训，读者能在较短的时间内基本掌握 PHP 及其应用技术。

　　本书由陈明忠、杨杰涌任主编，江永池、陈晓斌、王冲任副主编。全书由陈明忠副教授统稿、定稿。本书在编写和出版过程中得到了汕头职业技术学院和清华大学出版社各位老师的大力支持，在此表示感谢。

　　由于编者水平所限，书中的不足之处敬请使用本书的师生与读者批评、指正，以便修订时改进。若读者在使用本书的过程中有其他意见或建议，恳请向编者提出宝贵意见。

编者

2022 年 10 月

各章实例代码及项目实训代码

教学课件、思考与练习答案

第1版前言

FOREWORD

　　PHP 语言具有简单性、开放性、低成本、安全性和开源免费等诸多优点,适用 Linux 和 Windows 平台,而且经过发展目前已经很成熟,成为了当今较流行的 Web 开发语言。全世界很多网站均采用 PHP 开发而成。

　　目前,市场上介绍有关 PHP 开发的书不少,但适合作为高等学校 PHP 教材的书并不多。本书以 WampServer(即基于 Windows 平台的 Apache、MySQL、PHP 的组合)为编译器,结合编者多年的项目开发经验以及丰富的教学经验,详细介绍了 PHP 5.5 的基础知识、特点和具体的应用。全书分为 10 章,内容包括 PHP 开发环境、PHP 语言基础、PHP 数组与字符串、PHP 面向对象程序设计、构建 PHP 互动网页、MySQL 数据库基础、PHP 访问 MySQL 数据库、PHP 常用功能模块、PHP 安全编程、学生学籍成绩管理系统开发实例。学生学籍成绩管理系统开发实例通过开发一个实用系统来阐述 PHP 的开发技术和技巧。本书按照软件产品开发的规范与流程,对系统进行需求分析、数据库设计以及功能模块的划分,有利于读者了解一个实际项目的开发流程。

　　本书内容的讲解由浅入深,循序渐进,通俗易懂,适合自学,力求具有实用性、可操作性。书中对每个知识点都有实例演示,有助于读者理解概念、巩固知识、掌握要点、攻克难点。在每章后精心设计了 2~4 道较为实用的实训题,进一步检验学生对各个知识点的综合应用能力。书中所有实例程序均上机调试通过,通过阅读本书,结合上机实训,读者就能在较短的时间内基本掌握 PHP 及其应用技术。

　　本书可作为高职院校、独立学院信息工程类专业的教学用书,也可作为 PHP 网站开发人员的自学参考书和相关培训班的教学用书。

　　本书由陈明忠、杨杰涌任主编,陈晓斌、王冲任副主编。全书由陈明忠副教授统稿、定稿。本书在编写和出版过程中得到了汕头职业技术学院和清华大学出版社各位老师的大力支持,在此表示感谢。

　　由于编者水平所限,书中如有不足之处敬请使用本书的师生与读者批评、指正,以便修订时改进。如读者在使用本书的过程中有其他意见或建议,恳请向编者踊跃提出宝贵意见。

编　者
2017 年 3 月

目 录

CONTENTS

第 1 章

PHP开发环境

PHP 是多种开发动态网站语言之一,适合于开发规模为中、小型企业级的动态网站,它也是当前比较流行的微信后台开发语言之一。若要开发 PHP 项目,必须选好开发环境。PHP 开发环境可分为两大类,一类是分立组件的开发环境,安装较麻烦但是个性化较强;另一类是集成开发环境,容易安装。本章首先介绍集成开发环境,然后给出几个典型 PHP 程序实例,让读者对 PHP 有一个初步的印象。

- 了解几种常见的动态网页开发技术。
- 掌握 PHP 集成开发环境的安装与使用。
- 掌握 PHP 程序的编写步骤。

1.1 PHP 简介

PHP 是一种适合于开发规模为中、小企业级的动态网站的解释性程序语言。使用 PHP 除了可以开发动态网站之外,还可以开发微信后台,具有广泛的应用前景。

1.1.1 静态网页和动态网页

想必大家都上网浏览过网页吧? 大家有没有发现这样一个现象:有的网页这次看到的内容与上一次看到的内容不完全相同,例如新浪新闻网页、某政府门户网站等;而另一些网页则很少改变,几乎每次去看都是同一个内容,例如百度网站的首页、某公司网站中的联系方式页面。下面从几个不同角度来说明静态网页与动态网页的概念。

从内容的角度来看,几乎一成不变的网页属于静态网页,而经常改变的网页属于动态网页。从开发语言来看,纯粹采用 HTML 作为开发语言的网页属于静态网页,而采用其他动态开发语言(如 PHP)开发的网页属于动态网页。从网页文件是否需要动态服务器解析执行的角度来看,不需要动态服务器解析执行的网页称为静态网页,需要动态服务器解析执行的网页称为动态网页。

换句话说，静态网页中只有 HTML 标记，没有其他可执行的程序代码。页面一经制作完成，其内容就不会再变化，静态网页的扩展名一般为.htm 或.html。动态网页是指"具有交互性的页面"，即在网页源代码不变的情况下，网页的内容可根据访问者、访问时间或者访问目的不同而显示不同的内容，如留言板和聊天室等。动态网页的扩展名一般为.asp、.jsp、.php、.aspx。

静态网页与动态网页的概念不是绝对的，而是相对的。实际上，采用动态开发语言（如PHP）也可以开发出一个一成不变的网页，但这种网页习惯上仍被称为动态网页，因为它需要经过动态服务器解析执行。另外，有的网页界面上有 FLASH 动画、视频等，看起来也是不断变化的，但是，实际上再过一段时间重新打开这个网页的时候看到的内容仍然与上次相同，这样的网页则属于静态网页。

1.1.2 动态网页设计技术

目前比较关注的动态网页设计技术主要有以下几种。

（1）ASP。ASP 即 Active Server Page，是一个 Web 服务器端的开发技术，利用它可以编写和执行动态的、互动的 Web 应用程序，ASP 采用 VBScript 和 JavaScript 作为脚本语言。但由于它是基于微软的 IIS 服务器的，性能受到一定的影响，安全性也较差，目前已经逐渐不受青睐。

（2）JSP。JSP 即 Java Server Page，它是由 Sun 公司于 1999 年 6 月推出的技术，是基于Java Servlet 以及整个 Java 体系的 Web 开发技术。由于 JSP 采用 Java 作为脚本语言，具有极强的扩展性、良好的收缩性，以及与平台无关的开发特性，被认为是极具发展潜力的动态网站技术。

（3）PHP。PHP 即 PHP：Hypertext Prerocessor（超文本预处理器），是一种跨平台的服务器端的脚本语言。它大量地借用 C、Java 和 Perl 语言的语法，并耦合 PHP 自己的特性，使 Web 开发者能够快速地写出动态生成页面。它支持目前绝大多数数据库。PHP 适合于开发中、小规模企业级网站以及微信后台，因此它正逐步成为一种热门的动态网站开发语言。

（4）ASP.NET。在 ASP 的基础上，微软公司推出了 ASP.NET，它不是 ASP 的简单升级，它不仅吸收了 ASP 技术的优点并改正了 ASP 中的某些缺憾，更重要的是，它借鉴了Java、Visual Basic 语言的开发优势，从而成为 Microsoft 推出的新一代 Active Server Page。ASP.NET 是微软发展的新的体系结构.NET 的一部分，它主要适合于开发大型企业级、商务级的网站。

1.1.3 PHP 语言的特点

PHP 作为一种服务器端的脚本语言，主要有以下 6 个特点。

1. 开放源代码

PHP 属于自由软件，是完全免费的，用户可以从 PHP 官方站点（http://www.php.net）自由下载，而且可以不受限制地获得源码，甚至可以从中加进自己需要的特色。

2. 基于 Web 服务器

常见的 Web 服务器有①IIS：运行 ASP、ASP.net 脚本，默认占用 TCP 80 端口；②Tomcat：运行 JSP 脚本；③Apache：运行 PHP 脚本，默认占用 TCP 80 端口。

PHP 运行在 Apache 服务器，PHP 的运行速度只与服务器的速度有关。当服务器的一个 PHP 页面第一次被访问时，服务器就对它编译，只要服务器未关闭，则往后不管哪个客户机访问该页面时，不必再编译。因此，PHP 有高效的运行速度。

3. 数据库支持

PHP 能够支持目前绝大多数的数据库，如 DB2、MySQL、Microsoft SQL Server、Sybase、Oracle、PostgreSQL 等，并完全支持 ODBC，即 Open Database Connection Standard（开放数据库连接标准），因此可以连接任何支持该标准的数据库。其中，PHP 与 MySQL 是绝佳的组合。

4. 跨平台

PHP 可以在目前所有主流的操作系统上运行，包括 Linux、UNIX 的各种变种、Microsoft Windows、Mac OS X、RISC OS 等，正是由于这个特点，使 UNIX/Linux 操作系统上有了一种与 ASP 媲美的开发语言。

5. 易于学习

PHP 的语法接近 C、Java 和 Perl，学习起来非常简单，而且有很多学习资料。PHP 还提供数量巨大的系统函数集，用户只要调用一个函数就可以完成很复杂的功能，编程时十分方便。因此，用户只需要很少的 PHP 编程知识就能够建立一个交互的 Web 站点。

6. 安全性

由于 PHP 本身的代码开放，所以它的代码由许多工程师进行了检测，同时它与 Apache 编译在一起的方式也让它具有灵活的安全设置，PHP 具有了公认的安全性能。

1.2 集成开发环境配置

进行 PHP 开发之前，必须先建立开发环境。分立组件开发环境虽然提供了全方位的手动配置灵活性，但是其安装及配置方法比较复杂。对于一般的应用来说，安装一个集成开发环境就方便多了。目前来说，集成开发环境主要有 WampServer 及 PHPnow 两种流行软件。本书将以 WampServer 为开发环境，它的原理也适用于其他开发环境。

1.2.1 WampServer 简介

WampServer 是一款由法国人开发的 Apache 服务器、PHP 解释器以及 MySQL 数据库的整合软件包，省去了开发人员将时间花费在烦琐的配置环境过程，从而腾出更多精力去做应用开发。WAMP 是 Windows＋Apache＋MySQL＋PHP 的简称。WampServer 拥有简单的图形和菜单安装和配置环境，在 WampServer 中对 PHP 扩展、Apache 模块开启/关闭都很方便搞定，再也不用亲自去修改配置文件了。这个软件是完全免费的，可以在其官方网站下载到最新的版本，本书采用 wampserver3.1.7_x64 版本，内含 Apache2.4.37＋

MySQL5.7.24＋PHP7.2.14。

1.2.2 WampServer 安装

（1）运行 wampserver3.1.7_x64.exe 安装包，弹出如图 1-1 所示对话框，单击 OK 按钮。

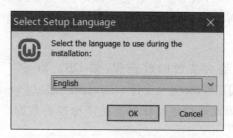

图 1-1 选择安装过程中使用的语言

（2）在许可协议中选中 I accept the agreement，如图 1-2 所示，单击 Next 按钮。

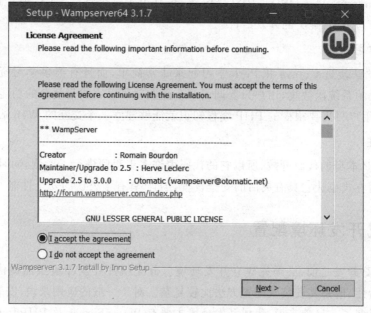

图 1-2 要求接受协议

（3）在如图 1-3 所示界面中单击 Next 按钮。在如图 1-4 所示的界面上选择安装路径，也可以按照默认安装到 C:\wamp64 文件夹中，单击 Next 按钮。

（4）安装程序将在开始菜单文件夹中创建程序的快捷方式，如图 1-5 所示。按照默认，直接单击 Next 按钮即可。

（5）在如图 1-6 所示的界面上，显示本次安装的相关信息，如果确认无误，则单击 Install 按钮开启安装进程。

（6）安装过程中可能弹出提示，要用户选择默认浏览器，如图 1-7 所示，直接单击“打开”按钮即可。

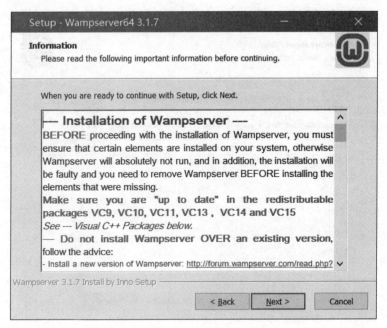

图 1-3 阅读信息

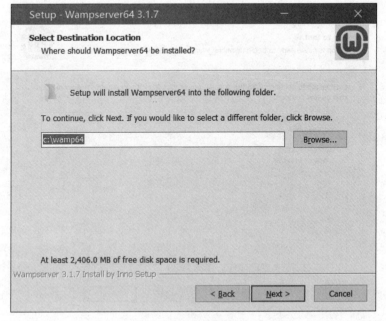

图 1-4 选择安装路径

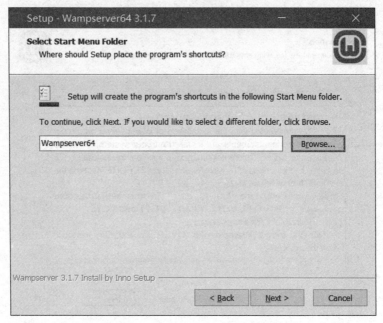

图 1-5 在开始菜单中创建快捷方式

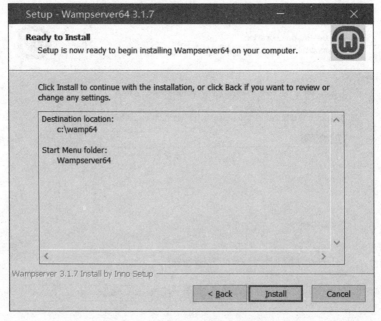

图 1-6 安装之前确认安装参数

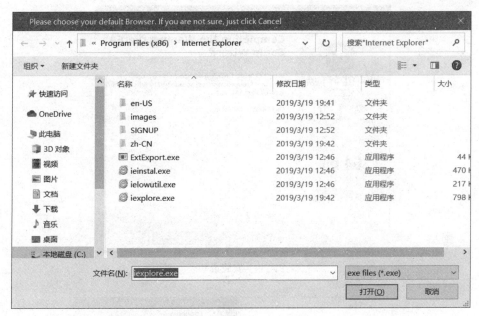

图 1-7　选择默认浏览器

（7）安装程序要求用户选择默认的文本编辑器，如图 1-8 所示，直接单击"打开"按钮即可。

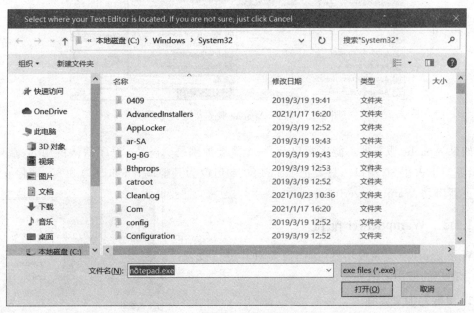

图 1-8　选择默认的文本编辑器

（8）出现如图 1-9 所示界面，单击 Finish 按钮结束安装。

（9）单击开始菜单的 WampServer64 快捷方式，在任务栏右下角出现一个 图标。单击 图标，选择 Apache，然后选中 Service administration 'wampapache64'，如图 1-10 所示，检查 Apache 服务器是否已启动。

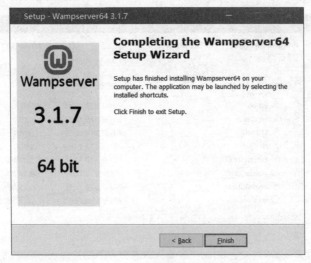

图 1-9　安装成功

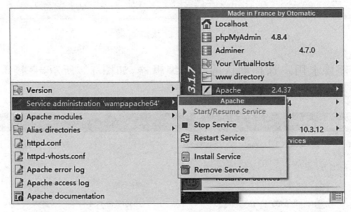

图 1-10　检查 Apache 服务器是否已启动

如果 Apache 服务器不能正常启动，一个主要原因是 Apache 程序默认占用 80 端口，而 IIS 服务器也占用 80 端口。只要把 IIS 的 80 端口改为其他端口（如改为 8080）或停止 IIS，然后重新启动 WampServer 即可。

1.2.3　WampServer 配置

WampServer 安装成功之后，仍需要对其进行设置，以符合用户的使用习惯和需求。

1. 设置为中文界面

右击任务栏右下角的  图标，选择"语言"，然后选中 chinese，如图 1-11 所示。

2. 重新设置 PHP 站点的位置

PHP 站点的默认位置是"C:/wamp64/www"，该位置恰好是软件安装目录。单击 图标，在弹出的菜单

图 1-11　选择语言为中文

中选择"www 目录",便可查阅。一般来说,用户的工作目录不要放在软件安装目录下,因此有必要修改一下。可通过修改 Apache 目录下的 httpd.conf、httpd-vhosts.conf 文件的内容,重新设置 PHP 站点的位置。

【例 1-1】　将 PHP 站点的位置修改为"E:/php/www/",注意目录中不能出现汉字。

操作步骤如下。

(1) 停止 IIS 服务器。

(2) 启动 WampServer,单击任务栏的 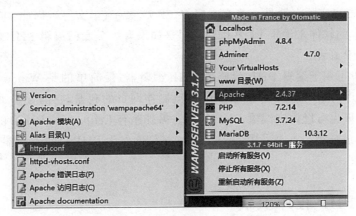 图标,选择 Apache,然后单击 httpd.conf,如图 1-12 所示,打开 httpd.conf 文件。

图 1-12　选择 httpd.conf

(3) 把 httpd.conf 文件中的下面两行:

```
DocumentRoot " ${INSTALL_DIR}/www"
<Directory " ${INSTALL_DIR}/www/">
```

修改为下面新的两行,并重新保存 httpd.conf 文件。

```
DocumentRoot "E:/php/www/"
<Directory "E:/php/www/">
```

(4) 打开 httpd-vhosts.conf 文件,把 httpd-vhosts.conf 文件中的下面两行:

```
DocumentRoot " ${INSTALL_DIR}/www"
<Directory " ${INSTALL_DIR}/www/">
```

修改为下面新的两行,并重新保存 httpd-vhosts.conf 文件。

```
DocumentRoot "E:/php/www/"
<Directory "E:/php/www/">
```

(5) 重新启动 WampServer。

3. 设置 Apache 监听端口,也就是网站的访问端口

WampServer 默认安装之后的 Apache 监听端口是 80,但是如果你的计算机中已安装有 IIS(默认端口也是 80),或者其他服务器占用了 80 端口。为避免冲突,可修改 Apache 端口号,也可修改其他端口号。

如果要修改 Apache 端口号，则方法如下：打开 WampServer 主菜单（见图 1-12），选择
Apache，然后单击 httpd.conf，则会用记事本打开该文件，分别搜索到如下三行（注意此三行
并不在同一个地方），把最后的 80 改为你想要的新的端口号（例如 8080）即可。

```
Listen 0.0.0.0:80
Listen [::0]:80
ServerName localhost:80
```

1.2.4 PHP 编辑器

PHP 程序语言实际上就是一些文本字符（英文、数字、中文等），因此，本质上可以用任
何能够编辑文本的软件来编辑 PHP 代码。但是如果有一个专门编辑 PHP 的编辑器，那将
会大大方便 PHP 开发。

目前有不少可用于编辑 PHP 代码的 PHP 编辑器，最简单的是 Windows 自带的记事
本。除此之外，Dreamweaver 是专门用于设计、制作网页的利器，它内置了 ASP、PHP 等动
态网页语言，所以也可以用来编辑 PHP 代码。另外还有 Eclipse for PHP，它也是非常不错
的 PHP 开发集成环境。本书采用 Dreamweaver CS6 作为 PHP 网页编辑器，以实现快速的
所见即所得效果。

1.3 典型 PHP 程序实例

为了快速了解 PHP 可以干什么、PHP 代码大概长什么样子，本节先介绍如何在
Dreamweaver CS6 中创建 PHP 站点，然后举几个典型的 PHP 程序实例。

1.3.1 在 Dreamweaver 中创建 PHP 站点

【例 1-2】 假设 PHP 站点的位置为"E:/php/www/"，现要在"E:/php/www/"目录下
创建站点 MyPHP。

操作步骤如下。

（1）启动 Dreamweaver CS6。

（2）单击"站点"→"管理站点"，在"管理站点"对话框中单击"新建站点"按钮。

（3）在"站点设置对象"对话框中，单击左边的"站点"选项，填写"站点名称"为 MyPHP，
"本地站点文件夹"为"E:\PHP\WWW\MyPHP\"，如图 1-13 所示。

（4）单击左边的"服务器"选项，再单击右边的"＋"按钮，在弹出的新对话框中选择"基
本"选项卡，如图 1-14 所示。在"连接方法"中选择"本地/网络"，"服务器文件夹"中填写
"E:\PHP\WWW\MyPHP\"，Web URL 中填写"http://localhost/MyPHP/"。单击"保
存"按钮。

（5）返回"站点设置对象"对话框，选中"测试"复选框，并单击"保存"按钮，如图 1-15
所示。

（6）返回"管理站点"对话框，单击"完成"按钮，结束站点的创建。

注意：本书的所有网页都在 MyPHP 站点中创建，以后不再赘述。

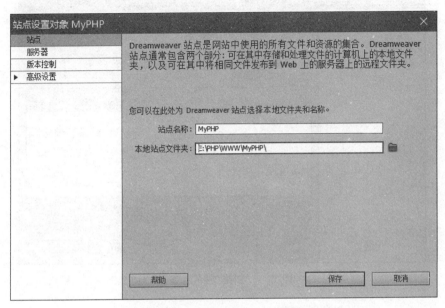

图 1-13 单击"站点"选项

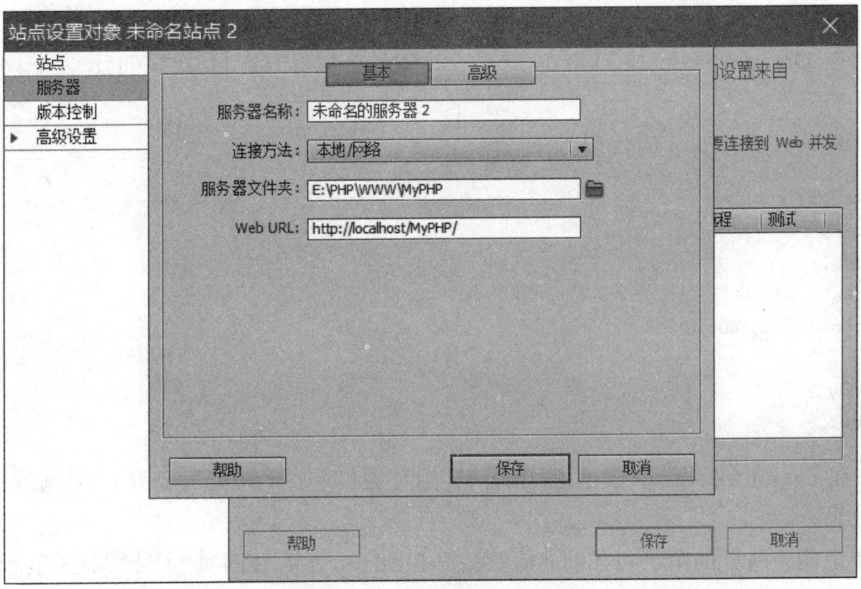

图 1-14 单击"服务器"选项卡

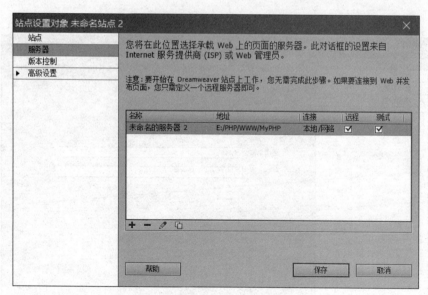

图 1-15 创建"测试服务器"

1.3.2 最简单的 PHP 程序

【例 1-3】 在 MyPHP 站点中新建一个网页 EX1-1.php，用于输出"Hello，World！"。
操作步骤如下。

（1）在 Dreamweaver 中打开站点 MyPHP，在 MyPHP 目录下创建一个网页 EX1-
1.php。

（2）编写 EX1-1.php 的代码如下：

```
<!DOCTYPE html>
<html>
<body>
<?php
  echo 'Hello, World!';
?>
</body>
</html>
```

（3）在 Dreamweaver 中按 F12，出现 IE 浏览器（或你计算机上安装的浏览器），可以看
到运行效果。

程序说明：网页的第一行<!DOCTYPE html>，表示该网页为 HTML5 页面。其中，
<html>、<body>、</body>、</html>称为 HTML 标记；"<?php"与"?>"则是 PHP
脚本开始和结束的标记，PHP 语句就写在这对标记之间。同一个文件中可以有多对 PHP
标记，但互相之间不能嵌套。

代码中的 echo 语句，用于输出一个或多个表达式的值，语法如下：

```
echo 表达式表;
```

PHP 语言是大小写敏感的语言，其语法类似于 C 语言。

1.3.3 同一页面上的 PHP 交互

PHP 程序主要作用是可以和用户交互，也就是说，可以在网页上获取用户的输入数据，通过后台处理之后，再把处理结果呈现给用户。既可以将数据输入和输出结果放在同一个网页，也可以将数据输入和输出结果分别放在不同的网页中。

【例 1-4】 创建一个网页 EX1-2.php，主要功能是：当用户输入一个边长值，并单击"提交"按钮后，就能在同一页面显示正方形的面积。

(1) 新建 EX1-2.php 网页，然后在 Dreamweaver 的设计视图创建如图 1-16 所示的页面。

图 1-16　设计视图

(2) 切换到代码视图，输入 PHP 脚本，使整个页面的代码如下：

```
<!DOCTYPE html>
<html>
<body>
    <form id = "form1" name = "form1" method = "post" action = "">
    请输入一个正方形的边长
      <input type = "text" name = "Rad" id = "Rad" />
      <input type = "submit" name = "send" id = "send" value = "提交" />
    </form>
<?php
    if(isset( $_POST['send']))
    {
       $Rad = $_POST['Rad'];
       $area = $Rad * $Rad;
       echo '正方形的面积是'. $area;
    }
?>
</body>
</html>
```

(3) 运行网页，在文本框中输入 20，单击"提交"按钮，可看到下面显示一行信息，如图 1-17 所示。

图 1-17　同一页面交互程序运行结果

程序说明：

(1) $_POST["表单变量"]：取得从客户端传递过来的表单变量的 value 值，它是 PHP 的预定义变量。

(2) isset(变量名)：用于判断变量名是否存在，若存在，则返回 true。

(3) $Rad =$_POST['Rad']：前面 $Rad 为 PHP 变量，必须以 $开头；后面 Rad 为表单变量，它们可以同名，也可以不同名。

(4) 字符串.变量名：先统一为字符串，再连接成一个新串。其中的"."称为连接号。

当用户初次浏览该网页时，还没有发送 send 的数据，因此不会看到下面一行字。当用户输入数据 20 并按"提交"按钮之后，表单变量（包括 Rad、send）的 value 值被发送到服务器，因此，在 if 中判断得到 send 数据有效，进入语句体中，取出 size 数据，自乘，得到面积，然后用 echo 语句进行输出。

注意：PHP 网页是放在服务器端的。访问 PHP 网页（含 PHP 脚本、HTML 标记和 JavaScript 脚本）时，先在服务器端执行 PHP 脚本，然后将 HTML 标记、JavaScript 脚本和 PHP 脚本执行结果送往客户端。

1.3.4 不同页面上的 PHP 交互

把 1.3.3 小节中的代码一分为二，把 PHP 代码部分写在另一个 PHP 文件中，则可以实现不同页面上的 PHP 交互，方法如下。

（1）新建 EX1-3a.htm 网页，然后在设计视图创建如图 1-16 所示的页面，其 HTML 代码如下，注意在 action 中填入了新文件名。

```
<!DOCTYPE html>
<html>
<body>
<form id = "form1" name = "form1" method = "post" action = "EX1 - 3b.php">
请输入一个正方形的边长
    <input type = "text" name = "Rad" id = "Rad" />
    <input type = "submit" name = "send" id = "send" value = "提交" />
</form>
</body>
</html>
```

（2）新建 EX1-3b.php 网页，在其中编写 PHP 脚本如下。

```php
<?php
if(isset( $_POST['send']))
{
  $Rad = $_POST['Rad'];
  $area = $Rad * $Rad;
  echo '正方形的面积是'. $area;
}
?>
```

（3）运行 EX1-3a.htm，输入 20，单击"提交"按钮，就会自动执行 EX1-3b.php 网页，显示执行结果。

1.4 项目实训

实训 1 在 Dreamweaver 中创建 PHP 站点

1. 实训目的

（1）掌握在 WampServer 中修改 PHP 站点位置的方法。

（2）掌握在 Dreamweaver 中创建 PHP 站点的方法。

（3）了解站点与网页的关系。

2. 实训要求

（1）在硬盘上建立一个文件夹"E:\test"。

（2）在 WampServer 中将 PHP 站点的位置修改为"E:/test/"。

（3）在 Dreamweaver 中，创建一个新的 PHP 站点，站点名称为 sx1，站点文件夹为"E:\test\sx1"。

实训 2　创建一个 PHP 网页

1. 实训目的

（1）掌握创建 PHP 网页的方法。

（2）了解 PHP 网页的组成和运行过程。

2. 实训要求

（1）在 sx1 站点中，利用 Dreamweaver 创建一个页面 sx1-1.php，设计界面如图 1-18 所示。

（2）编写 PHP 代码，功能是：当用户输入所有信息，并单击"确认"按钮之后，得到如图 1-19 的界面。

图 1-18　设计界面

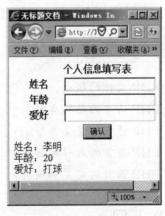

图 1-19　运行界面

思考与练习

一、填空题

1. 目前比较关注的动态网页设计技术有_____、_____、_____、_____等。

2. 常见的 Web 服务器有_____、_____、_____。

3. PHP 中的_____语句用于输出一个或多个表达式的值，_____函数用于判断一个变量是否存在。

二、简答题

1. 讲述静态网页与动态网页的区别和联系。

2. PHP 语言有哪些特点？

第2章

PHP语言基础

PHP 的语法分为面向过程部分与面向对象部分,其中,面向过程部分的语法类似于 C 语言的语法,面向对象部分的语法类似于 C++ 或 Java 的语法。读者在学习 PHP 语法时,应多与 C 语言或 Java 语言进行对比学习。本章仅介绍 PHP 面向过程部分的语法。

- 了解 PHP 文件的组成。
- 掌握 PHP 语言的数据类型。
- 掌握 PHP 语言的变量类型。
- 掌握 PHP 语言的流程控制语句。
- 掌握 PHP 函数的定义和调用。

2.1 PHP 入门

1. PHP 文件的组成

PHP 文件是一种文本文件,它既可以和 HTML 代码混在一起,也可以单独编写纯 PHP 代码。具体来说,一个 PHP 文件由以下几个部分组成。

(1) HTML 标记:一般作为页面中的布局,或者是页面中的固定不变的部分。

(2) JavaScript 脚本:由＜script language＝"JavaScript"＞与＜/script＞括住。

(3) PHP 脚本:以"＜? php"开始,"? ＞"结束。

除使用上述标记外,PHP 脚本还允许使用其他样式的标记,但本书只使用上述标记;对于其他标记不予介绍。

其中,HTML 标记、JavaScript 脚本在客户端运行;PHP 脚本在服务器端运行。如果一个网页含有 PHP 脚本,那么该网页为动态网页,扩展名必须为.php。

2. PHP 脚本中的注释

类似于 C 语言,可以有两种注释风格。

(1) 单行注释:从//开始直到行末,均属于注释部分。例如:

```php
<?php
  echo "Hello";                      //输出 Hello
  echo "World";
?>
```

(2) 多行注释:从 / * 开始到 * /结束,不管有多少行,均属于注释部分。例如:

```php
<?php
  /* 先输出 Hello,
     再输出 World.
   */
  echo "Hello";
  echo "World";
?>
```

3. 输出语句

PHP 有如下两种输出语句。

(1) print 表达式

(2) echo 表达式表

表达式中可以出现.号或+号,常用的几种形式如下。

(1) 字符串.字符串

(2) 字符串.变量名

(3) 字符串+字符串

(4) 字符串+数值

注意:在(1)、(2)形式中,先统一为字符串,再运算。在(3)、(4)形式中,先统一为数值,再运算。不能出现"字符串.数值"的形式,因为此处的.号出现二义性。

例如:

```php
<?php
  $a = 123;
  echo "123"."abc"."<br>";          //输出:123abc
  echo $a."abc"."<br>";             //输出:123abc
  echo "123" + "abc"."<br>";        //输出:123
  echo 123 + "abc"."<br>";          //输出:123
?>
```

4. 输出每个表达式的类型和值

格式:

var_dump(表达式,...,表达式)

例如:

```php
<?php
  $x = true;
```

```
    var_dump(2 + 3, $x);                        //输出：int 5,boolean true
?>
```

2.2　PHP 数据类型

PHP 支持 8 种数据类型：int（整型）、float（浮点型）、string（字符串型）、boolean（布尔型）、array（数组）、object（对象）、NULL（空）和 resource（资源）。基本数据类型有 4 种，分别是整型、浮点型、字符串型和布尔型，有常量和变量之分。

2.2.1　整型

整型的值称为整型常量，简称整数，可以用十进制数、十六进制数、八进制数或二进制数（PHP 5.4.0）表示。十六进制数前面必须加 0x，如 0x12；八进制数前面必须加 0，如 012；二进制数前面必须加 0b，如 0b1000。

2.2.2　浮点型

浮点型的值称为浮点型常量，有小数形式和指数形式两种表示法。小数形式如 0.0528，写成指数形式为 5.28e−2。在指数形式中，e 的前后必须有数字，且 e 的后面必须为整数。

2.2.3　字符串型

在 PHP 中，以单引号或双引号括住的一个或多个字符称为字符串常量。例如，'school'、"school"、'\n'。

1. 单引号

用两个单引号（'）可以把一个字符串括起来，但要注意的是，如果这个字符串本身包含单引号（'），则必须写成（\'）；如果字符串中本身包含（\'），则必须改写成（\\\'）；如果字符串末尾刚好是一个反斜杠（\），则必须改写成双反斜杠（\\）。例如：

```
<?php
    echo '这个符号\'是单引号2';                    //输出：这个符号'是单引号
    echo '这个符号\\\'是反斜杠加单引号';            //输出：这个符号\'是反斜杠加单引号
    echo '这个字符串以反斜杠结尾\\';                //输出：这个字符串以反斜杠结尾\
    echo '这个字符串有\n,但不转义';                 //输出：这个字符串有\n,但不转义
?>
```

2. 双引号

用两个双引号（"）可以把一个字符串括起来，但要注意的是，这种字符串有一些特殊转义序列，如表 2-1 所示。

使用单引号和双引号的主要区别是：单引号内出现的变量名不会被变量内容代替，但双引号内出现的变量名会被变量内容所代替。例如：

```
<?php
  $str = "加油";
  echo '中国 $str!';                            //输出：中国 $str!
  echo "中国 $str!";                            //输出：中国加油!
?>
```

表 2-1　特殊字符转义序列表

序　　列	显示效果或含义
\\	反斜杠(\)
\"	双引号(")
\n	网页源文件中换行,但显示效果为空格(若无前后分隔时)
\r	同上
\t	网页源文件中水平制表符,但显示效果为空格(若无前后分隔时)
\v	垂直制表符
\e	Esc
\f	换页
\ $	变量或对象名标识符
\[0-7]{1,3}	此正则表达式匹配一个用八进制数表示的字符
\x[0-9A-Fa-f]{1,2}	此正则表达式匹配一个用十六进制数表示的字符

2.2.4　布尔型

布尔型的取值只有两种：TRUE(真)和FALSE(假),也可以用小写的 true 和 false。布尔值在显示时,TRUE 显示为 1,FALSE 显示为空。

2.2.5　数组

数组是一组"键名/值","键名"在数组中是唯一的,可以是整数或字符串,键名省略时默认为从 0 开始的连续整数。"值"是由相应的键名映射的结果,值可以不唯一。例如：

```php
<?php
  $arr1 = array(2,4,6,8);                          //不指定键名,直接赋值
  $arr2 = array('name' => "Li", 'age' => 20, 'married' => false);     //指定键名
  echo $arr1[3];                                   //输出：8
  echo $arr2['name'];                              //输出：Li
?>
```

2.2.6　对象

"对象"这个概念是面向对象编程里面的概念,有关内容请参见第 4 章。

2.2.7　NULL 类型

NULL 类型只有一种取值,就是 NULL(不区分大小写)。一个变量在下列情况下被认为是 NULL。

(1) 被直接赋值为 NULL。

(2) 尚未被赋值。

(3) 被 unset()函数销毁。

例如：

```php
<?php
  $var1 = NULL;
```

```
   $var2;
   $var3 = "school";
   unset( $var3);
   var_dump( $var1);                    //直接输出 NULL
   var_dump( $var2);                    //先显示未定义,再输出 NULL
   var_dump( $var3);                    //先显示未定义,再输出 NULL
?>
```

2.2.8 资源类型

资源 resource 是一种特殊变量,它相当于一个外部资源的引用,例如一个"数据库连接"就是一个资源,请参见 7.1.1 小节 mysql_connect()函数的定义格式：resource mysql_connect（[string server [, string username [, string password [, bool new_link [, int client_flags]]]]] ）。

2.3 PHP 变量

变量是程序运行过程中,各种数据所存储的载体。程序根据变量的名称而找到对应的数据。

2.3.1 自定义变量

以 $ 开头,再加上一个合法的字符串,就成为自定义变量名。所谓合法,是指以字母或下画线开头,后面跟着任意数量的字母、数字或下画线。

1. 变量的类型

由于 PHP 变量在使用之前并不需要像 C 语言那样事先定义变量类型,因此,变量一般是通过初始化来定义的,初始化时给变量赋一个值。PHP 变量的类型由所赋值的类型决定。

例如：

```
<?php
   $a = 100;                            //$a 为整型变量
   $b = 3.14;                           //$b 为浮点型变量
   $c = "school";                       //$c 为字符串变量
   $d = true;                           //$d 为布尔型变量
?>
```

2. 变量赋值的方式

（1）值赋值：将一个变量的值赋给另一个变量,例如, $a = $b。

（2）引用赋值：将一个变量的地址赋给另一个变量,例如, $a = & $b,将 $b 的地址赋给 $a,让 $a、$b 共同占用一个存储单元。下面是引用赋值的示例。

```
<?php
   $var = "hello";
   $bar = & $var;
   echo $bar;                           //输出: hello
   $bar = "world";
   echo $var;                           //输出: world
?>
```

3. 变量的作用域

按作用域分,变量可分为局部变量和全局变量。

（1）局部变量

在主程序中或函数内部定义的变量称为局部变量。在主程序中定义的局部变量,其作用域局限于主程序,不能在函数内部使用;在函数内部定义的局部变量,其作用域局限于函数内部,不能在主程序中使用。例如:

```php
<?php
  $my_var = "test";                              //$my_var 的作用域局限于主程序
  function my_func()
  {
      $local_var = 123;                          //$local_var 的作用域局限于当前函数
      echo '$local_var = '. $local_var."< br >"; //输出: $local_var = 123
      echo '$my_var = '. $my_var."< br >";       //显示变量未定义
  }
  my_func();
  echo '$my_var = '. $my_var."< br >";           //输出: $my_var = test
  echo '$local_var = '. $local_var."< br >";     //显示变量未定义
?>
```

在函数内部定义的局部变量,又可分为自动变量和静态变量。在函数内部使用 static 声明的变量称为静态变量;否则,称为自动变量。自动变量与静态变量的区别是:对于自动变量,每调用一次函数,都会为自动变量分配存储单元,函数调用结束,自动变量所占存储单元全部释放。对于静态变量,第一次调用函数时,为静态变量分配存储单元,函数调用结束,静态变量所占存储单元不会释放。例如:

```php
<?php
  function vars()
  {
      $a = 0;                      //$a 为自动变量
      static $b = 0;               //$b 为静态变量
      $a++;
      $b++;
      echo "$a, $b"."< br >";
  }
  for ( $i = 1; $i < = 3; $i++)
      vars();
?>
```

运行结果:

```
1,1
1,2
1,3
```

程序说明:第 1 次调用 vars()函数时,$a、$b 的初值为 0,第 1 次调用结束时,$a＝1,$b＝1。返回主程序时,$a 被释放,但 $b 不释放,仍保留原值。第 2 次调用 vars 函数时,$a 的初值为 0,$b 的初值为 1;第 2 次调用结束时,$a＝1,$b＝2。第 3 次调用 vars 函数时，$a 的初值为 0，$b 的初值为 2；第 3 次调用结束时，$a＝1，$b＝3。

（2）全局变量

在主程序中定义的局部变量，如果想在函数内部使用，可以在函数内部使用 global 关键字先声明为全局变量，否则视为另外定义一个新的局部变量。声明全局变量的语句为

global 变量名;

声明全局变量，并没有为变量分配存储单元。

例如：

```php
<?php
  $a = 123;                    //此变量的作用域目前仅限于当前主程序
  function fun()
  {
    $a = 456;                  //这个变量有别于前面那个 $a，它们是两个不同的变量
    echo $a."<br>";            //输出：456
    global $a;                 //将主程序定义的 $a 声明为全局变量
    echo $a."<br>";            //输出：123
    $a = 789;                  //为主程序定义的 $a 赋值为 789
  }
  fun();
  echo $a;                     //输出：789
?>
```

2.3.2　预定义变量

PHP 预设了若干个数组，其中存储了运行环境、用户输入数据等，称为预定义变量，其作用域是全局自动有效。预定义变量主要有以下几种。

1. 服务器变量 $_SERVER

服务器变量是由 Web 服务器创建的数组，其内容包括文件的头信息、路径、脚本位置等信息，常用的几个服务器变量见表 2-2。

表 2-2　常用的服务器变量

服务器变量名	变量的存储内容
$_SERVER['HTTP_USER_AGENT']	用户使用的浏览器信息
$_SERVER['HTTP_HOST']	host 头信息，如 localhost
$_SERVER['SERVER_NAME']	服务器主机的名称，如 localhost
$_SERVER['SERVER_ADDR']	服务器的 IP 地址，如 127.0.0.1
$_SERVER['SERVER_PORT']	服务器的端口号，如 80
$_SERVER['REMOTE_ADDR']	当前浏览的用户的 IP 地址
$_SERVER['DOCUMENT_ROOT']	文档根目录
$_SERVER['SCRIPT_FILENAME']	当前执行脚本的绝对路径名
$_SERVER['REMOTE_PORT']	用户连接到服务器时使用的端口号
$_SERVER['QUERY_STRING']	URL 中的请求字符串
$_SERVER['REQUEST_URI']	访问此页面所需的 URI

续表

服务器变量名	变量的存储内容
$_SERVER['SCRIPT_NAME']	包含当前脚本的路径
$_SERVER['PHP_SELF']	当前正在执行脚本的文件名
$_SERVER['REQUEST_TIME']	请求开始时的时间戳
$_SERVER['REQUEST_TIME_FLOAT']	同上,精确到微秒(PHP 5.4.0)

2. 环境变量 $_ENV

环境变量记录着 PHP 运行环境相关的信息,如系统名、系统路径等。可以通过 $_ENV['成员变量名']的方式来访问环境变量,常用的成员变量名有 OS、Path 等。

如果 PHP 是测试版本,使用环境变量时可能会出现找不到环境变量的问题。解决办法是,打开 php.ini 配置文件,找到 variables_order="GPCS"所在行,将该行改成 variables_order="EGPCS",然后保存,并重启 Apache。

3. 全局变量 $_GLOBALS

$GLOBALS 变量以数组形式记录所有已经定义的全局变量。可以通过 $GLOBALS['变量名']访问程序的所有全局变量,它比使用 global 访问全局变量更方便。例如:

```php
<?php
  $a = 1;
  $b = 2;
  function fun()
  {
     global $a;                         //使用 global 声明全局变量 $a
     $a = $a + 10;
     $GLOBALS['b'] = $GLOBALS['b'] + 10;     //使用 $GLOBALS 声明全局变量 $b
  }
  fun();
  echo " $a, $b";
?>
```

另外,PHP 的预定义变量还有: $_COOKIE、$_GET、$_POST、$_FILES、$_REQUEST、$_SESSION 等,这些变量将会在后面章节中介绍。

2.3.3　外部变量

在 PHP 中,把程序中定义的变量叫内部变量,而把表单中的变量(即控件名称)、URL 中的参数名叫外部变量,其值通过预定义变量 $_POST、$_GET、$_REQUEST 获得。

- $_POST["表单变量"]:取得从客户端以 POST 方式传递过来的表单变量的 value 值。
- $_GET["表单变量"]:取得从客户端以 GET 方式传递过来的表单变量的 value 值。
- $_REQUEST["表单变量"]:取得从客户端以任意方式传递过来的表单变量的 value 值,如图 2-1 所示。

图 2-1　服务器接收数据示意图

- $_REQUEST["参数名"]：取得从客户端传递过来的参数值。

【例2-1】 分别用POST和GET方式提交表单，使用$_POST、$_GET接收表单变量的值。

新建EX2-1.php网页，输入以下代码。

```
<html>
<head>
<meta http-equiv = "Content-Type" content = "text/html; charset = utf-8" />
</head>
<body>
<form name = "form1" method = "post" action = "">
用POST发送的学号：
    <input type = "text" name = "XH" id = "XH" />
    <input type = "submit" name = "button1" value = "提交" />
</form>
<form name = "form2" method = "get" action = "">
用 GET发送的姓名：
    <input type = "text" name = "XM" id = "XM" />
    <input type = "submit" name = "button2" value = "提交" />
</form>
<?php
  //使用$_POST接收表单变量的值
  if(isset( $_POST['button1']))
      echo '学号：'. $_POST['XH'];
      //使用$_GET接收表单变量的值
  if(isset( $_GET['button2']))
      echo '姓名：'. $_GET['XM'];
?>
</body>
</html>
```

2.4 运算符与表达式

PHP的运算符与C语言基本相同，也引进15级运算符。表2-3列出了PHP中常用的运算符。

表2-3 PHP中常用的运算符

优先级	运 算 符	描 述	结合性
1	( )	圆括号	
2	++、--、-、!	自增、自减、负号、逻辑非	非结合
3	*、/、%	乘、除、取余	从左向右
4	+、-	加、减	从左向右
5	<<、>>	左移、右移	从左向右
6	>、>=、<、<=	大于、大于等于、小于、小于等于	非结合
7	==、!=	等于、不等于	非结合
8	&	按位与	从左向右

续表

优先级	运　算　符	描　　述	结合性
9	^	按位异或	从左向右
10	|	按位或	从左向右
11	&&	逻辑与	从左向右
12	||	逻辑或	从左向右
13	?:	条件运算符	从右向左
14	=、+=、-=、*=、/=、%=	赋值运算符	从右向左
15	@	错误控制运算符	非结合

下面介绍各类运算符的用法。

1. 算术运算符

(1) 双目运算符：+、-、*、/、%

当"/"两侧为整数时,结果为整数或浮点数；当"%"两侧为浮点数时,舍去小数部分取整,结果为整数。

(2) 单目运算符：++(自增)、--(自减)

① ++、-- 只能作用在变量上,不能作用在常量和表达式上。

② $i++、++$i 单独成为语句时,均等价于 $i=$i+1。

③ $i++、++$i 的不同之处是：$i++ 是先返回 $i,再使 $i 的值加 1；++$i 则是先使 $i 的值加 1,再返回 $i。

【例 2-2】 分析程序的运行结果。

```php
<?php
  $i = 3;
  $j = $i++;
  echo "$i, $j"."<br>";
  $i = 3;
  $j = ++$i;
  echo "$i, $j";
?>
```

运行结果：

```
4,3
4,4
```

算术运算符的优先级见表 2-4。

表 2-4　算术运算符的优先级

运　算　符	优　先　级	结　合　性
++、--	2级	非结合
*、/、%	3级	从左向右
+、-	4级	从左向右

由算术运算符组成的表达式称为算术表达式,算术表达式的值是一个整数或浮点数。

2. 关系运算符

关系运算符的优先级见表2-5。

表2-5 关系运算符的优先级

运 算 符	优 先 级	结 合 性
>、>=、<、<=	6级	非结合
==、!=	7级	非结合

关系运算符表示对操作数的比较运算,由关系运算符组成的表达式称为关系表达式。关系表达式的值为 true 或 false,例如,7>=7 的值为 true。

注意：如果数值和字符串进行比较,则字符串先被转换成数值再进行比较；如果两个数字字符串进行比较,则它们都会被当成数值来比较。例如：

```php
<?php
  var_dump(123.5>"abc");        //实际比较的是 123.5 和 0,输出 true
  var_dump("123.5">"9.5");      //实际比较的是 123.5 和 9.5,输出 true
  var_dump("abc">"z");          //实际比较的是"abc"和"z",输出 false
?>
```

3. 逻辑运算符

逻辑运算符的优先级见表2-6。

表2-6 逻辑运算符的优先级

运算符	优先级	举 例	解 释
!	2级	!$x	若 $x 为真,则 !$x 为假
&&	11级	$x&&$y	只要 $x、$y 有一个为假,结果就为假
||	12级	$x || $y	只要 $x、$y 有一个为真,结果就为真

参加逻辑运算的操作数必须为逻辑值。由逻辑运算符组成的表达式称为逻辑表达式。逻辑表达式值为 true 或 false,例如,2+3>7 && 7<9 是一个逻辑表达式,它的值为 false。

若一个表达式含有各类运算符,则表达式的类型取决于级别最低的运算符的类型。

4. 条件运算符

PHP 中唯一的一个三目运算符就是条件运算符(?:),由条件运算符组成的表达式称为条件表达式,条件表达式的一般格式如下：

    操作数 1?操作数 2：操作数 3

其中,"操作数 1"的值必须为逻辑值,否则将出现编译错误。进行条件运算时,首先判断"操作数 1"是否为真,如果"操作数 1"为真,则条件表达式的值为"操作数 2"的值；如果"操作数 1"为假,则条件表达式的值为"操作数 3"的值。例如,已知 $a=3,$b=5,则 $a>$b?$a:$b 的值为 5。

注意：条件表达式具有"右结合性",意思是操作从右向左组合。例如,$a?$b:$c?$d:$e 表达式的计算与 $a?$b:($c?$d:$e)相同。

5.赋值运算符及其表达表

（1）赋值运算符

赋值运算符包括＝、＋＝、－＝、＊＝、／＝、％＝，它们的优先级为 14 级，结合性是从右向左的。例如，$a＝$b＝$c＝4;语句表示$a、$b、$c 的值均为 4。

表 2-7 列出了复合赋值运算符的含义。

表 2-7　复合赋值运算符

赋值运算符	举　　例	含　　义
＋＝	$a＋＝$b	$a＝$a＋$b
－＝	$a－＝$b	$a＝$a－$b
＊＝	$a＊＝$b	$a＝$a＊$b
／＝	$a／＝$b	$a＝$a／$b
％＝	$a％＝$b	$a＝$a％$b

（2）赋值表达式

赋值表达式的值等于被赋值的变量的值。例如，表达式 $a＝5 的值为 5。

6.错误控制运算符

PHP 支持错误控制运算符@，将其放置在 PHP 表达式之前，该表达式可能产生的任何错误信息都将被忽略。

注意：当要使用的变量名的值为 NULL 时，就必须在变量名前面加@。

小结：PHP 常用运算符可分为 6 类，分别为算术运算符、关系运算符、逻辑运算符、条件运算符、赋值运算符、错误控制运算符。

2.5　程序流程控制

PHP 的流程控制语句大多与 C 语言一致，仅有个别不同。

2.5.1　条件控制语句

条件控制的典型语句有 if 语句和 switch 语句。

1.if 语句

if 语句的语法格式如下：

```
if (表达式)语句 1  [else 语句 2]
```

当表达式为真时，就执行"语句 1"，否则执行"语句 2"。其中，"语句 1""语句 2"可以是任意一个 PHP 语句。例如：

```
if ($a > $b) $max = $a; else $max = $b;
```

上面格式中的方括号[ ]表示若不需要可以省略，本书后面还有这种情况，这里不再赘述。

2.if 语句的嵌套

if 语句一般用于解决单分支、双分支问题，必要时，也可以解决多分支问题。

if 语句的嵌套格式如下：

```
if (表达式 1) 语句 1
elseif (表达式 2) 语句 2
elseif (表达式 3) 语句 3
  ⋮
else 语句 n
```

注意：在 PHP 中，可以写成 elseif，也可以隔开写成 else if。

【例 2-3】 编写一个 PHP 程序，从文本框输入一个百分制分数，单击"提交"按钮后输出成绩等级。90 分以上记'A'，80～89 分记'B'，70～79 分记'C'，60～69 分记'D'，60 分以下记'E'。

新建 EX2-3.php 网页，输入以下代码。

```
<! DOCTYPE html >
< form id = "form1" name = "form1" method = "post" action = "">
  < input type = "text" name = "score" id = "score" />
  < input type = "submit" name = "button" id = "button" value = "提交" />
</form >
<?php
  if (isset( $_REQUEST["button"]))
  { $score = $_REQUEST["score"];
    if ( $score >= 90) $grade = 'A';
    elseif ( $score >= 80) $grade = 'B';
    elseif ( $score >= 70) $grade = 'C';
    elseif ( $score >= 60) $grade = 'D';
    else $grade = 'E';
    echo "成绩等级为". $grade;
  }
?>
```

3. switch 语句

switch 语句也称为多分支语句，它可以根据表达式的值来决定执行哪个 case 块的语句。switch 语句的语法格式如下：

```
switch (表达式)
{   case 常量 1: 语句块 1;
                [break;]
    case 常量 2: 语句块 2;
                [break;]
        ⋮
    case 常量 n: 语句块 n;
                [break;]
    [ default: 语句块 n + 1; ]
}
```

首先计算表达式的值，如果表达式值与某个 case 块的常量相等，就转去执行该 case 块的语句，当表达式值与任何 case 块的常量都不相等时，就执行 default 中的语句。

注意：

（1）表达式的类型可以是数值型或字符串型。

（2）多个不同的 case 可以执行同一个语句块。

【例2-4】　编写一个 PHP 程序,从文本框输入一个月份,单击"提交"按钮后输出该月份的天数。

新建 EX2-4.php 网页,输入以下代码。

```
<!DOCTYPE html>
<form id="form1" name="form1" method="post" action="">
  <input type="text" name="month" id="month" />
  <input type="submit" name="button" id="button" value="提交" />
</form>
<?php
  if (isset($_REQUEST["button"]))
  {
      $month = $_REQUEST["month"];
      switch ($month)
      { case 1:
        case 3:
        case 5:
        case 7:
        case 8:
        case 10:
        case 12: $day = 31; break;
        case 4:
        case 6:
        case 9:
        case 11: $day = 30; break;
        case 2: $day = 28; break;
        default: $day = 0;
      }
      echo "$month 月份的天数为:$day";
  }
?>
```

2.5.2　循环控制语句

循环控制语句简称循环语句,PHP 有 4 种循环语句,分别是 while 语句、do-while 语句、for 语句、foreach 语句。

1. while 语句

while 语句的语法格式如下:

```
while (表达式) 语句
```

【例2-5】　用 while 语句求 1~100 的偶数之和。
新建 EX2-5.php 网页,输入以下代码。

```
<?php
  $s = 0;
  $i = 2;
  while($i <= 100)
  {
      $s = $s + $i;
```

```
    $i = $i + 2;
  }
  echo "和为: $s";
?>
```

2. do-while 语句

do-while 语句的语法格式如下：

```
do
循环体语句
while (表达式);            //注意末尾有分号
```

【例 2-6】 用 do-while 语句求 1～100 的偶数之和。

新建 EX2-6.php 网页，输入以下代码。

```
<?php
  $s = 0;
  $i = 2;
  do
  {
      $s = $s + $i;
      $i = $i + 2;
  }while( $i <= 100);
  echo "和为: $s";
?>
```

注意：while 语句的特点：先判断后执行，可能一次也不执行循环体。而 do-while 语句是先执行后判断，至少要执行一次循环体。

3. for 语句

for 语句的语法格式如下：

```
for (表达式 1; 表达式 2; 表达式 3)循环体语句
```

for 语句的执行过程如图 2-2 所示。

说明：

（1）表达式 1 常用于对循环变量赋初值；表达式 2 常用于判断循环变量是否越过终值；表达式 3 常用于修改循环变量的值。

（2）表达式 1，表达式 2，表达式 3 都可以省略，但分号不能省略。例如，for (；；)语句。

【例 2-7】 用 for 语句求 1～100 的偶数之和。

新建 EX2-7.php 网页，输入以下代码。

```
<?php
  $s = 0;
  for( $i = 2; $i <= 100; $i += 2)
    $s = $s + $i;
  echo "和为: $s";
?>
```

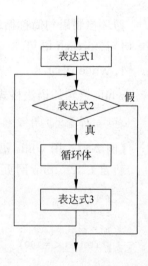

图 2-2 for 语句

4. foreach 语句

foreach 语句用于列举一个数组中的所有元素。foreach 语句的语法格式如下：

```
foreach(数组名 as 成员名)
    语句
```

功能：对于数组中的每个元素，都重复执行循环体。成员名代表数组中的一个元素。下面的代码演示了 foreach 语句的用法。

```php
<?php
  $a = array(3,6,9,12,15,18);
  foreach( $a as $x)
  echo " $x,";
?>
```

2.5.3　跳转语句

（1）break 语句：中止并跳出循环。

（2）continue 语句：终止当前的循环，重新开始一个新的循环。

break 语句只能用于 switch 语句中或循环体内，当 break 语句用于循环体内时，常与 if 语句配合使用。continue 语句只能用于循环体内时，并常与 if 语句配合使用。

2.5.4　文件包含语句

在一个 PHP 文件中，可以直接用"文件包含语句"把另一个文件的所有内容包含进当前位置。文件包含语句共有 4 种，其关键字及语法格式分别如下：

```
include '文件名';
require '文件名';
include_once '文件名';
require_once '文件名';
```

一方面，include 及 require 表示直接把文件包含进来；include_once 及 require_once 表示只把文件包含进来一次，不重复包含。另一方面，include 及 include_once 当找不到被包含文件时，浏览器会发出警告信息但仍继续执行代码；require 及 require_once 当找不到被包含文件时，浏览器会发出致命错误信息并中止执行代码。

上述'文件名'均可采用相对路径或绝对路径两种方式，但要注意的是，路径分隔符要采用斜杠(/)来表示。若省略路径，则表示仅在当前目录中查找文件。

2.6　PHP 函数

函数的作用就是让同一段代码可以被多个地方直接调用，从而大大节省编程时间、减少编程错误、容易维护代码，实现结构化编程。函数分为系统函数和自定义函数。

2.6.1　函数的定义

所谓函数的定义，就是指采用若干行代码以指明此函数具体的执行过程以及执行之前需要输入什么参数、执行完成后可以返回什么值。

函数定义的语法格式如下：

```
function 函数名([形参表])
{ 函数体 }
```

其中，形参必须是变量名、数组名；函数名可以是以字母或下画线开头、后面跟任意数量的字母、数字、下画线，但不能与系统函数或用户已经定义的函数名重名。与 C 语言不同的是，函数定义可以随意放在函数调用语句之前或之后。例如：

```php
<?php
    fun(4);                        //输出：8
    //函数定义放在函数调用之前或之后均可
    function fun( $a){
        echo $a * 2;
    }
    fun(5);                        //输出：10
?>
```

2.6.2 函数的返回值

在函数定义内部，可以使用 return 语句来结束函数的运行，并把一个值返回给主调语句。return 语句的语法格式如下：

```
return [(表达式)];
```

功能：将表达式的值（作为函数值）带回主调语句中。

2.6.3 函数的调用

函数调用有如下三种形式。

（1）函数名(实参表)。

（2）变量名＝函数名(实参表)。

（3）echo 函数名(实参表)。

注意：

（1）形式(1)用于调用无返回值的函数，形式(2)、(3)用于调用有返回值的函数。

（2）实参的个数、类型必须与形参相同。

（3）实参可以是常量、变量、表达式。

【例 2-8】 已知：

$$y = \begin{cases} 1 & (x > 0) \\ 0 & (x = 0) \\ -1 & (x < 0) \end{cases}$$

要求：先定义一个函数 fun()，用于返回 y 的值；再写一个函数调用语句，输出 y 的值。

程序代码如下：

```php
<?php
    function fun( $x)
```

```
    {
        if ( $x > 0 )  $y = 1;
        elseif ( $x == 0 )  $y = 0;
        else  $y = -1;
        return( $y );
    }
    echo fun(10);
?>
```

2.6.4　参数的传递

函数参数一般都是通过值来传递的,这意味着在函数内部即使修改了形参的值,也不会对主调语句中的实参有影响。但是,当函数形参采用引用参数时,则任何对于形参的值的修改都相当于对实参的值的修改。引用参数的语法格式是在形参前面加 & 字符。

值传递和引用传递的比较见表 2-8。

表 2-8　值传递和引用传递的比较

方　式	形　参	实　参	解　释
值传递	变量名	常量、变量、表达式	函数调用时,将实参的值传递给形参
	数组名	数组名	
引用传递	& 变量名	变量名	形参与实参共同占用一个存储单元
	& 数组名	数组名	

下面函数的形参为变量名。

```
<?php
    function fun(& $x,  $y)
    {
        $x += 10;
        $y += 10;
    }
    $a = 1;
    $b = 5;
    fun( $a, $b);
    echo " $a, $b";                    //输出: 11,5
?>
```

下面函数的形参为数组名。

```
<?php
    function my_sort( $b)
    { for( $i = 0; $i < count( $b); $i++)
        $b[ $i] += 10;
    }
    $a = array(2, 4, 6, 8);
    my_sort( $a);
    for( $i = 0; $i < count( $a); $i++)
        echo $a[ $i].",";              //输出: 2,4,6,8
?>
```

2.7　综合实例

本节通过两个综合实例来说明 PHP 的控制语句及函数使用。

2.7.1　多项选择题

【例 2-9】　设计一个网页，询问用户"下列哪些城市属于省会城市"，并列出若干城市（广州、成都、北京、福州、重庆、沈阳）以供选择。用户单击"提交"按钮时，提示答案是否正确（正确答案应该是：广州、成都、福州、沈阳）。

新建 EX2-9.php 网页，输入以下代码。

```html
<html>
<head>
<meta http-equiv="Content-Type" content="text/html; charset=utf-8" /></head>
<body>
<p>下列哪些城市属于省会城市？</p>
<form name="form1" method="post" action="">
    <input type="checkbox" name="answer[]" value="A">广州<br />
    <input type="checkbox" name="answer[]" value="B">成都<br />
    <input type="checkbox" name="answer[]" value="C">北京<br />
    <input type="checkbox" name="answer[]" value="D">福州<br />
    <input type="checkbox" name="answer[]" value="E">重庆<br />
    <input type="checkbox" name="answer[]" value="F">沈阳<br />
    <input type="submit" name="submit" id="submit" value="提交">
</form>
<?php
    if(isset($_POST['submit'])){
        //得到一个数组 $answer，仅包含用户选中的项
        $answer = $_POST['answer'];
        $choice = "";
        for($i = 0; $i < count($answer); $i++)
            $choice .= $answer[$i];
        if($choice == 'ABDF')
            show('恭喜你，答对了！');
        else
            show('不对，重新答！');
    }
    //自定义函数，用于弹出提示框，显示提示
    function show($message){
        echo "<script>alert('$message')</script>";
    }
?>
</body>
</html>
```

网页的运行效果如图 2-3 所示。

图 2-3　多项选择题网页效果

网页中，表单里复选框中的 name 全部都为"answer[]"，这样，在 PHP 代码中，$_POST['answer']取到的是一个数组，数组中的所有元素仅由用户选中的那些复选框组成，而元素的值则是该复选框的 value 的值。本程序中通过把所有被用户选中的复选框中的 value 的值连接起来，形成一个字符串，从而用于与标准答案的比较，可方便地判断答案是否正确。

本程序中，还自定义了一个函数 show，用于在网页中显示提示信息。在函数 show 中，采用 JavaScript 语言来显示提示。有关 JavaScript 的编程，参见 5.4 节内容。

2.7.2　计算器程序

【例 2-10】　设计一个网页，让用户输入一个四则运算式，采用下拉列表提供加、减、乘、除 4 种运算符。当用户单击"求值"按钮时，自动计算结果并显示出提示信息。

新建 EX2-10.php 网页，输入以下代码。

```
<html>
<head>
<meta http-equiv="Content-Type" content="text/html; charset=utf-8" />
</head>
<?php
    if(isset($_POST['submit'])){
        $a = $_POST['a'];
        $b = $_POST['b'];
        $opr = $_POST['opr'];
        $c = "";
        calc($a, $opr, $b, $c);              //计算
        show(" $a  $opr  $b = $c");          //显示
    }
    //用于计算一个四则运算式,结果存储于 $c
    function calc($a, $opr, $b, &$c){
        switch($opr){
            case '+':
                $c = $a + $b; break;
            case '-':
                $c = $a - $b; break;
            case '*':
                $c = $a * $b; break;
            case '/':
                $c = @($a / $b); break;
            default:
```

```
                    $c = "";
                }
            }
        //自定义函数,用于弹出提示框,显示提示
        function show( $message){
            echo "< script > alert('$message')</script>";
        }
    ?>
    < body >
    <p>四则运算计算器</p>
    < form name = "form1" method = "post" action = "">
        < input name = "a" type = "text" id = "a" size = "6">
        < select name = "opr" id = "opr">
            < option>+</option>
            < option>-</option>
            < option>*</option>
            < option>/</option>
        </select >
        < input name = "b" type = "text" id = "b" size = "6">
        < input type = "submit" name = "submit" id = "submit" value = "求值">
    </ form >
    </ body >
    </ html >
```

网页的运行效果如图 2-4 所示。

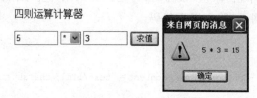

图 2-4　计算器程序网页效果

程序中,首先读入用户输入的两个运算数 $a、$b 以及一个运算符 $opr,调用自定义函数 calc 计算结果 $c,然后调用 show 自定义函数显示出结果。

自定义函数 calc 中的第 3 个参数是引用参数,用于返回结果。函数中采用 switch-case 结构进行判断,效果比 if 好。

程序中 calc 函数中有一个地方采用@命令,防止除法发生错误时在浏览器上显示一大堆错误信息,造成界面被破坏。

2.8　项目实训

实训 1　条件控制语句的应用

1. 实训目的

（1）掌握条件控制语句的语法。

（2）掌握条件控制语句的应用特点。

（3）学会在 PHP 脚本中使用表单控件。

2. 实训要求

创建一个名为 sx2-1.php 的网页，让用户选择自己的爱好，采用多个复选框分别列出"打球、下棋、唱歌、跑步、阅读"几个选项（其中"打球、唱歌、跑步"属于偏动的项目，其余的属于偏静的项目）。当用户单击"提交"按钮后，判断用户选的项目分别属于什么类型，最后提示用户："你是一个好动的人""你是一个好静的人""你是一个动静皆宜的人"。初始界面如图 2-5 所示。

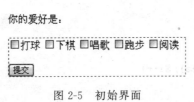

图 2-5 初始界面

实训 2 循环控制语句的应用

1. 实训目的

（1）掌握循环控制语句的语法。

（2）掌握循环控制语句的应用特点。

（3）学会在 PHP 脚本中使用表单控件。

2. 实训要求

创建一个名为 sx2-2.php 的网页，让用户输入两个数以表示一个范围，程序求出该范围内的所有素数，并显示在下面。运行效果如图 2-6 所示。

图 2-6 输入 40、60 单击"提交"按钮后的界面

思考与练习

一、填空题

1. 一个 PHP 文件由＿＿＿＿＿、＿＿＿＿＿和＿＿＿＿＿三部分组成，前两部分在客户端运行。

2. 在 PHP 中，把表单中的变量（即控件名称）、URL 中的参数名叫＿＿＿＿＿变量，其值通过预定义变量＿＿＿＿＿、＿＿＿＿＿、＿＿＿＿＿获得。

二、简答题

1. 字符串使用单引号与双引号作为定界符有什么区别？

2. PHP 中的自定义函数与 C 语言有什么区别？

3. 写出下面程序的运行结果。

```php
<?php
function my_sort(& $b)
{ for($i = 0; $i < count( $b); $i++)
        $b[ $i] += 10;
}
$a = array(2,4,6,8);
my_sort( $a);
for( $i = 0; $i < count( $a); $i++)
    echo $a[ $i].",";
?>
```

第 3 章

PHP数组与字符串

数组和字符串是 PHP 中最为重要的两种数据类型,曾有人做过统计,在 PHP 的项目开发中,至少有 30% 的代码要处理数组,另有 30% 以上的代码在操作字符串,两者合计占 PHP 代码比重高达 60% 以上,故本章专门讲述这两类数据的操作。

- 掌握 PHP 数组的定义与操作。
- 掌握 PHP 字符串的定义与操作。
- 了解正则表达式及其使用。

3.1 数组及处理

数组把若干数据有序地组织在一起。本节介绍如何创建和初始化数组,以及对数组的各种处理。

3.1.1 数组的创建和初始化

1. 使用 array() 函数创建一维数组

使用 array() 函数的语法格式如下:

数组名 = array([键名 = >]值,...,[键名 = >]值);

每个元素包括键名和值两项,键名可以是整数或字符串。如果全部值未指定键名,则键名默认为从 0 开始的连续整数。如果只有某些值未指定键名,则该值的键名默认为该值前面最大的整数键名加 1 后的整数。例如:

```php
<?php
  $arr1 = array(1,2,9,10);                    //定义不带键名的数组
  $arr2 = array("color" = >"blue","name" = >"pen");    //定义带键名的数组
```

```
$arr3 = array(1 = > 5, 2 = > 6, 4 = > 1, 9, 10);          //个别元素没有键名
?>
```

说明：数组 $arr1 的键名为整数键名，分别为 0、1、2、3。数组 $arr2 的键名为字符串键名，分别为"color"和"name"。数组 $arr3 的键名分别为 1、2、4、5、6。

对于数组，在调试程序时可以用 print_r() 函数来显示数组各元素的键名和值，print_r() 函数的语法格式如下：

```
print_r(数组名)
```

例如：

```
<?php
    $arr1 = array("a" = > 5,"b" = > 10,20);
    print_r( $arr1);                  //输出: Array ( [a] = > 5 [b] = > 10 [0] = > 20 )
    echo "< br >";
    $arr2 = array(2 => 4, "color" => "red", 5, 3 => 7);
    print_r( $arr2);                  //输出: Array ( [2] = > 4 [color] = > red [3] = > 7 )
?>
```

注意：在数组 $arr1 中，第 3 个值 20 的键名为 0；在数组 $arr2 中，第 3 个值 5 被系统自动设置键名为 3，但是由于后面又有 3 = > 7 自定义了一个键 3，因此后面的值 7 覆盖了前面相同键名的值。

数组创建之后，可以使用"数组名[键名]"的形式来访问一维数组元素，例如：

```
<?php
    $arr1 = array("a" = > 5,"b" = > 10,20);
    echo $arr1["a"];                  //输出: 5
    echo $arr1["b"];                  //输出: 10
    echo $arr1[0];                    //输出: 20
?>
```

数组创建之后，可以使用 count() 和 sizeof() 函数获得数组元素的个数，例如：

```
<?php
    $array = array(1,2,3,6 = > 7,8,9,5,10);
    echo count( $array);              //输出: 8
    echo sizeof( $array);             //输出: 8
?>
```

2. 使用 array() 函数创建二维数组

通过对 array() 函数的嵌套使用，可以创建二维数组，语法格式如下：

```
数组名 = array( [键名 1 = >] array(值 1,...,值 n),
                [键名 2 = >] array(值 1,...,值 n)
                );
```

说明：内层的每个 array() 函数表示一行，键名表示行号。若省略键名，则默认为从 0 开始的连续整数。

二维数组元素的表示形式如下：

数组名[键名1][键名2]

例如：

```php
<?php
  $arr1 = array("color" = > array("红色","绿色","蓝色"),
              "number" = > array(1,2,3,4,5)
                );
  echo $arr1["color"][0], $arr1["number"][4];          //输出：红色 5
  print_r( $arr1);
  echo "< br >";
  $arr2 = array(array("红色","绿色","蓝色"),array(1,2,3,4,5));
  echo $arr2[0][0], $arr2[1][4];                       //输出：红色 5
  print_r( $arr2);
?>
```

程序说明：print_r($ arr1)语句的运行结果为 Array（[color] => Array（[0] => 红色[1] => 绿色[2] => 蓝色）[number] => Array（[0] => 1 [1] => 2 [2] => 3 [3] => 4 [4] => 5））。

print_r($arr2)语句的运行结果为 Array（[0] => Array（[0] => 红色[1] => 绿色[2] => 蓝色）[1] => Array（[0] => 1 [1] => 2 [2] => 3 [3] => 4 [4] => 5））。

3. 使用变量名建立数组

通过使用 compact()函数,可以把多个变量,甚至数组紧凑成一个数组,其中,变量名成为数组元素的键名,变量值成为数组元素的值。语法格式如下：

```
数组名 = compact("变量名",...["数组名"])
```

举例如下：

```php
<?php
  $num = 8;
  $str = "abc";
  $arr = array(2,4,6);
  $newarr = compact("num", "str", "arr");
  print_r( $newarr);
?>
```

运行结果：

Array（[num] => 8 [str] => abc [arr] => Array（[0] => 2 [1] => 4 [2] => 6））

即数组 $newarr 包含 5 个元素：$newarr["num"], $newarr["str"], $newarr["arr"][0], $newarr["arr"][1], $newarr["arr"][2]。

与 compact()函数对应的是 extract()函数,作用是将一个数组分离成多个变量,语法格式如下：

```
extract(数组名)
```

例如：

```php
<?php
```

```php
$a = array("key1" => 1,"key2" => 2,"key3" => 3);
extract( $a);        //数组 $a 被分离成 $key1、$key2、$key3
echo "$key1  $key2  $key3";
?>
```

注意：在 extract(数组名)中,数组的键名必须是字母开头的字符串。

4. 建立指定范围的数组

使用 range()函数可以建立一个值在指定范围内的数组,语法格式如下：

数组名 = range(初值,终值[,步长值])

注意：若初值<终值,则步长值为正数；若初值>终值,则步长值为负数。若省略步长值,则默认为 1。例如：

```php
<?php
$array1 = range(1,5);    //输出：Array ( [0] => 1 [1] => 2 [2] => 3 [3] => 4 [4] => 5 )
$array2 = range(2,10,2); //输出：Array ( [0] => 2 [1] => 4 [2] => 6 [3] => 8 [4] => 10 )
$array3 = range("a","e"); //输出：Array ( [0] => a [1] => b [2] => c [3] => d [4] => e )
print_r( $array1);
print_r( $array2);
print_r( $array3);
?>
```

5. 自动建立数组

数组可以不事先创建,而是直接赋值,数组会自动创建。例如：

```php
<?php
$arr[0] = "a";
$arr[1] = "b";
$arr[2] = "c";
print_r( $arr);                //输出：Array ( [0] => a [1] => b [2] => c )
?>
```

程序说明：在第一个语句运行时,如果 $arr 数组不存在,则自动创建一个只有一个元素的 $arr 数组,后续的语句将在这个数组中添加新值。

3.1.2　键名和值的操作

对于数组的键名和值,有不少函数能操作它们。下面介绍一些常用函数。

1. 存在性检查

（1）array_key_exists()函数
格式：

array_key_exists(键名,数组名)

功能：检查数组中是否存在某个键名,若存在,则返回 true。
（2）in_array()函数
格式：

in_array(值,数组名)

功能：检查数组中是否存在某个值,若存在,则返回 true。

例如：

```php
<?php
   $array = array(1,2,3,5 => 4,7 => 5);
   if (array_key_exists(0, $array)) echo "数组中存在键名 0";
   if (in_array(5, $array)) echo "数组中存在值 5";
?>
```

2. 获取和输出

(1) array_keys()函数

格式：

数组名 2 = array_keys(数组名 1)

功能：将数组 1 中的所有键名存入数组 2 中。

(2) array_values()函数

格式：

数组名 2 = array_values(数组名 1)

功能：将数组 1 中的所有值存入数组 2 中。

例如：

```php
<?php
   $arr = array( "color" => "red","name" => "Sandy","age" => 20);
   $keys = array_keys( $arr);
   $values = array_values( $arr);
   print_r( $keys);              //输出: Array ( [0] => color [1] => name [2] => age )
   print_r( $values);            //输出: Array ( [0] => red [1] => Sandy [2] => 20 )
?>
```

3. 遍历数组

与数组的遍历有关的函数有：

```php
next(数组名)                //把数组指针移向下一个元素
prev(数组名)                //把数组指针移向上一个元素
reset(数组名)               //把数组指针移到第一个元素
end(数组名)                 //把数组指针移到最后一个元素
key(数组名)                 //取数组当前元素的键名
each(数组名)                //取数组当前元素的键名和值,并把指针移向下一个元素
list(var1,var2,...) = arr;  //把数组 arr 各值分别赋给各变量 var1,var2,...
```

例如：

```php
<?php
    $arr = array( "color" =>"red","name" =>"Sandy","age" => 20);
    for( $i = 0; $i < count( $arr); $i++){
        echo key( $arr).",";
        next( $arr);
    }
```

```
    $arr2 = array("one","two","three");
    list( $v1, $v2, $v3) = $arr2;
    echo "$v1, $v2, $v3";
?>
```

运行结果：

color,name,age,one, two, three

3.1.3　数组的排序

PHP 提供了许多数组排序函数，使一维数组的排序变得非常简单。

1. 升序排序

（1）sort()函数

格式：

```
sort(数组名)
```

功能：对数组的值进行升序排序，并将数组的键名修改为从 0 开始的整数键名。

（2）asort()函数

格式：

```
asort(数组名)
```

功能：对数组的值进行升序排序，但保持数组的键名和值之间的关联。

例如：

```
<?php
  $arr1 = array("a"=>5,"x"=>3,5=>7,"c"=>1);
  $arr2 = array(2=>"c",4=>"a",1=>"b");
  sort( $arr1);
  asort( $arr2);
  print_r( $arr1);              //输出：Array ( [0] =>1 [1] =>3 [2] =>5 [3] =>7 )
  print_r( $arr2);              //输出：Array ( [4] =>a [1] =>b [2] =>c )
?>
```

2. 降序排序

rsort()、arsort()分别对应于上面的 sort()、asort()函数，但是排序是降序的。

3. 对多个数组同时排序

array_multisort()函数可以一次对多个一维数组排序。语法格式如下：

```
array_multisort(数组名,...,数组名)
```

功能：首先对第一个数组的值升序排列，其他数组中值的顺序按照第一个数组的对应顺序排列。数组列表中所有数组的长度必须相等。例如：

```
<?php
  $ar1 = array(3,5,2,4);
  $ar2 = array(8,6,9,7);
  array_multisort( $ar1, $ar2);
```

```
    print_r( $ar1);              //输出：Array ( [0] => 2 [1] => 3 [2] => 4 [3] => 5 )
    echo "< br />";
    print_r( $ar2);              //输出：Array ( [0] => 9 [1] => 8 [2] => 7 [3] => 6 )
?>
```

程序说明：第一个数组中值的原先顺序是 3,5,2,4,对应的第二个数组中值的顺序是 8,6,9,7,排序后第一个数组中的值为 2,3,4,5,第一个元素中的值为 2,对应于第二个数组中的值为 9,因此 9 成为第二个数组排序后的第一个元素,以此类推。

4.打乱数组的顺序

格式：

```
shuffle(数组名);
```

功能：打乱数组的顺序,并将数组的键名修改为从 0 开始的整数键名。

【例 3-1】 产生 10 个[1,100]范围内的互不重复的随机整数。

```
<?php
    $arr = range(1,100);
    shuffle( $arr);
    for( $i = 0; $i < 10; $i++)
    {
        echo $arr[ $i]. ",";
    }
?>
```

5.按相反顺序排序

格式：

```
数组名 2 = array_reverse(数组名 1 [,key]);
```

功能：将数组 1 按相反顺序排序,生成数组 2。若 key 取 true,则数组 2 保持原来的键名；若 key 取 false,则数组 2 的键名修改为从 0 开始的整数键名。当 key 省略时为 false。

例如：

```
<?php
    $array = array("a" => 1,2,3,4);
    $ar1 = array_reverse( $array);              //$ar1 的键名修改为从 0 开始的整数键名
    $ar2 = array_reverse( $array,true);         //$ar2 保持原来的键名
    print_r( $ar1);              //输出：Array([0] => 4 [1] => 3 [2] => 2 [a] => 1)
    print_r( $ar2);              //输出：Array([2] => 4 [1] => 3 [0] => 2 [a] => 1)
?>
```

3.2 字符串操作

字符串是很常用的数据类型,特别是网页源代码本身就是字符串。因此,字符串有很多操作函数。由于 PHP 是弱语言类型,所以当使用字符串操作函数时,其他类型的数据也会被当作字符串来处理。

3.2.1　常用的字符串函数

1.计算字符串的长度

格式 1：

```
strlen(字符串)
```

功能：charset＝ GB2312，每个汉字为 2 个字符；charset＝ UTF-8，每个汉字为 3 个字符。

格式 2：

```
mb_strlen(字符串,编码方式)
```

功能：编码方式为 GB2312，每个汉字为 2 个字符；编码方式为 UTF-8，每个汉字为 3 个字符。例如，mb_strlen(字符串,"GB2312")。

2.改变字母大小写

```
strtolower(字符串)                        //将字符串转化为小写字母
strtoupper(字符串)                        //将字符串转化为大写字母
```

3.删除字符串的首尾空格

```
ltrim(字符串)                             //删除字符串首部空格
rtrim(字符串)                             //删除字符串尾部空格
trim(字符串)                              //删除字符串首、尾空格
```

4.字符串查找

用于字符串查找的函数非常多，仅介绍如下两个。

```
strstr(串 1, 串 2 [,是否串 2 之前])
stristr(串 1, 串 2 [,是否串 2 之前])
```

功能：在串 1 中查找串 2，如果查找成功，且省略[是否串 2 之前]，则返回串 1 中从第一次出现串 2 开始直到字符串结尾的字符串，若[是否串 2 之前]取 true 时，则在串 1 中截取串 2 之前的那部分子串。如果查找不成功，则返回 false。[是否串 2 之前]省略时，默认为 false。

stristr 函数与 strstr 作用类似，只是不区分大小写。例如：

```php
<?php
  $str = "hello world";
  $find = "llo";
  $res1 = strstr( $str, $find);
  $res2 = strstr( $str, $find, true);
  echo "$res1, $res2";                //输出: llo world, he
?>
```

5.截取子串

格式：

```
substr(字符串,n,len)
```

功能：对字符串从第 n 个字符开始，截取 len 个字符，形成子串。

说明：1 个字母、数字为一个字符，1 个汉字为 2 个(charset＝GB2312)或 3 个(charset＝UTF-8)字符。

例如，当 charset＝GB2312 时，substr("汕头职院",2,4)＝"头职"；当 charset＝UTF-8，substr("汕头职院",3,6)＝"头职"。

6. 字符串与 ASCII 码

格式：

```
ord(字符串)              //返回字符串中第一个字符的 ASCII 码
chr(n)                 //返回 ASCII 码 n 对应的字符
```

例如：

```php
<?php
  echo ord("a");       //输出 97
  echo chr(97);        //输出 a
?>
```

7. 字符串的比较

(1) 使用关系运算符比较。

数值与字符串比较，或两个数字字符串比较，先统一为数值，再比较。例如，表达式 "123.5"＞"9.5"返回 true，即 123.5 大于 9.5。

(2) strcmp(串 1,串 2)：不管字符串如何，都不会转换成数值。

若串 1＞串 2，则 strcmp()返回 1；若串 1＝串 2，则 strcmp()返回 0；若串 1＜串 2，则 strcmp()返回−1。例如，strcmp("123.5","9.5")返回−1，即"123.5"小于"9.5"。

8. 字符串替换

格式：

```
新串 = str_replace(子串 1,子串 2,字符串)
```

功能：将字符串中的子串 1 替换成子串 2，形成新字符串。

例如：

```php
<?php
  $str = "I love you";
  $replace = "lucy";
  $end = str_replace("you", $replace, $str);
  echo $end;                   //输出：I love lucy
?>
```

3.2.2　字符串与 HTML

1. 将特殊字符转换为 HTML 代码

大多数字符转换为 HTML 代码时仍保持不变，但一些特殊字符(例如"＜"和"＞")转换为 HTML 代码时发生了较大的变化，如表 3-1 所示。

表 3-1　特殊字符和对应的 HTML 代码

特 殊 字 符	字 符 名 称	转换后的 HTML 代码
&	and 符号	&amp;
"	双引号	&quot;
'	单引号	&#039;
<	小于号	&lt;
>	大于号	&gt;

在 PHP 脚本中，htmlspecialchars()函数也可将特殊字符转换为 HTML 代码，其语法格式为 htmlspecialchars(字符串)，功能是：将含有 HTML 标记的字符串编码（如"<"编为"<"，">"编为">"），使浏览器能显示 HTML 标记本身。例如：

```php
<?php
$new = '<a href = "test"> test </a>';
//编码成：&lt;a href = &quot;test&quot;&gt;test&lt;/a&gt;
$str = htmlspecialchars( $new);
echo $str;        //输出：<a href = "test"> test </a>
?>
```

2. 将 HTML 代码转换为特殊字符

在 PHP 脚本中，htmlspecialchars_decode()函数可将字符串中的 HTML 代码转换为特殊字符，其语法格式为 htmlspecialchars_decode(字符串)。例如：

```php
<?php
$str = "&lt;a href = &quot;test&quot;&gt;test&lt;/a&gt;";
//输出：<a href = "test"> test </a>
echo htmlspecialchars_decode( $str);
?>
```

3.2.3　其他字符串函数

1. 字符串转化为数组

格式：

数组名 = explode(分隔符,字符串)

功能：使用分隔符，将字符串分为若干个子串，并存入数组中。
例如：

```php
<?php
$str = "can you help me";
$arr = explode(" ", $str);
print_r( $arr);
?>
```

2. 数组转化为字符串

格式：

```
字符串变量 = implode(连接符,数组名)
```

功能：使用连接符,将数组中的字符串连接成一个字符串。

例如：

```php
<?php
  $array = array("hello","how","are","you");
  $str = implode(",", $array);
  echo $str;        //输出：hello,how,are,you
?>
```

3. 字符串加密函数

通过加密算法可将明文变为密文,达到保护数据的安全性。PHP 使用 crypt()函数完成加密功能,语法格式如下：

```
密文 = crypt(字符串)
```

功能：对指定字符串加密,生成一个新的密文。每次调用生成的密文是不同的。

```
密文 = crypt(字符串[,密文])
```

功能：对指定字符串加密,生成的密文与原给定的密文相同。

crypt()函数是单向函数,密文不可以还原成明文。例如：

```php
<?php
  $str = "与时俱进";
  $pass = crypt( $str);
  echo $pass."<br>";
  if (crypt( $str, $pass) == $pass) echo "验证成功!";
?>
```

3.3　正则表达式

正则表达式是一种模糊匹配模式,特别适合于模糊查找与替换。很多高级语言都逐渐支持正则表达式。正则表达式在历史上出现过两种比较流行的语法：POSIX 和 Perl,由于 Perl 的效率更高,因此 PHP 自 5.3.0 版本起仅支持 Perl 兼容的正则表达式。

3.3.1　基础知识

正则表达式是由普通字符(如字符 a~z)和特殊字符组成的字符串模式。该模式设定了一些规则,当正则表达式函数使用这些规则时,可以根据设定好的内容对指定的字符串进行匹配。

使用正则表达式可以完成以下功能。

(1) 测试字符串的某个模式。例如,可以对一个输入字符串进行测试,看在该字符串中是否存在一个 E-mail 地址模式或一个身份证模式,这称为数据有效性验证。

(2) 替换文本。可以在文档中使用一个正则表达式来标志特定字符串,然后将其全部删除,或者替换为别的字符串。

(3) 根据模式匹配从字符串中提取一个子字符串。可以用来在文本或输入字段中查找特定字符串。

正则表达式是由普通字符、特殊字符组成的一种字符模式，它由两个斜杠（/）括住。正则表达式的特殊字符见表 3-2。

表 3-2　正则表达式的特殊字符

特殊字符	说　　明	示　　例
？	表示前面的字符有 0 个或 1 个	/ab? /表示 a、ab
＊	表示前面的字符有 0 个或多个	/ab＊/表示 a、ab、abb、abbb 等
＋	表示前面的字符有 1 个或多个	/ab＋/表示 ab、abb、abbb 等 /(ab)＋/表示 ab、abab、ababab 等
｛ ｝	有 3 种方式：{n}表示前面的字符有 n 个；{n,}表示前面的字符大于等于 n 个；{m,n}表示前面的字符有 m～n 个	/abc{3}/表示 abccc /(abc){3}/表示 abcabcabc /ab{3,5}/表示 abbb、abbbb、abbbbb
［ ］	表示［］内的任一个字符	/[0-9]/表示任一个数字；/[ab－]/表示 a、b、一中的一个
．	表示一个任意字符	/.{5,10}/表示 5～10 个任意字符
（ ）	选择性的符号，可用可不用，只是为了增加可读性	
｜	表示"或"	
＼	若用户输入的数据包含特殊符号（如｛｝［］().｜），则必须在特殊符号前加上\符号，如\(\)	/ \([0-9]{4}\)-[0-9]{8}/表示输入的数据格式为(xxxx)-yyyyyyyy
＾	匹配字符串的开始位置	/^he/表示以 'he' 开头的字符串
＄	匹配字符串的结束位置	/he$ /表示以 'he' 结尾的字符串
\d	表示 0～9 中的一个数字	与/[0-9]/相同
\s	匹配任何空白字符，包括空格、制表符、换页符等	
\w	表示任意一个大写字母、小写字母或数字	与/[a-zA-Z0-9]/相同

注意：

（1）在［ ］中，若"-"位于两个字符之间，则"-"作为特殊字符解释。例如，[a-z]表示任意一个小写字母。

（2）在｛ ｝中的","作为特殊字符解释。例如,.{5,10}表示 5～10 个任意字符。

以下是几个实用的正则表达式的例子。

身份证号码由18位数字或17位数字后加一个 X 或 Y 组成，因此，身份证号码的正则表达式为/ [0-9]{17}[0-9XY] /。邮政编码由 6 位数字组成，因此，邮政编码的正则表达式为/ [0-9]{6}/。

E-mail 地址的正则表达式可以这样写：

/[a－zA－Z0－9_\－]＋@[a－zA－Z0－9_]＋\.[a－zA－Z0－9_\.]＋/

其中，子表达式[a-zA-Z0-9_\-]＋匹配 E-mail 用户名，由字母、数字、下画线和"-"组成；子表达式[a-zA-Z0-9_]＋匹配主机的域名，由字母、数字和下画线组成；"\."匹配点号(.)；子表达式[a-zA-Z0-9_\.]＋匹配域名的剩余部分,由字母、数字和下画线组成。

3.3.2　正则表达式在JavaScript中的应用

test()是JavaScript提供的最重要的正则表达式函数,用于验证用户输入的数据是否满足指定的格式,语法格式如下:

```
正则表达式.test(字符串)
```

说明:在字符串中查找与正则表达式相匹配的内容,若找到,则返回true;否则返回false。若正则表达式未含"^""$",只要正则表达式为字符串的子串,该函数就返回true。若正则表达式包含"^""$",只有正则表达式与字符串完全匹配,该函数才返回true。

【例3-2】　test的用法示例。

```
< script language = "javascript">
  var a = /\d{6}/;
  var b = /^\d{6}$/;
  document.write(a.test("12345678"));       //返回 true
  document.write(b.test("12345678"));       //返回 false
</script>
```

3.3.3　正则表达式在PHP中的应用

在PHP中,正则表达式最好放在单引号中,使用双引号会带来一些不必要的复杂性。

1. 字符串匹配

格式:

```
preg_match(正则表达式,字符串)
```

功能:在字符串中查找与正则表达式相匹配的内容,若找到,则返回1;否则返回0。

若正则表达式未含"^""$",只要正则表达式为字符串的子串,该函数就返回1。若正则表达式包含"^""$",只有正则表达式与字符串完全匹配,该函数才返回1。

【例3-3】　preg_match的用法示例。

```
<?php
  $str = "PHP is so easy";
  //模式定界符后面的 i 表示不区分大小写的搜索
  $a = preg_match('/php/i', $str);
  $b = preg_match('/^php$/i', $str);
  echo $a;                           //输出: 1
  echo $b;                           //输出: 0
?>
```

2. 字符串替换

格式:

```
preg_replace(正则表达式,替换串,字符串)
```

功能:在字符串中查找正则表达式相匹配的内容,若找到,则将匹配项替换为替换串。

例如:

```php
<?php echo preg_replace('/ab*/',"汕头","abbbbbcd"); ?>
```

运行结果为：

汕头 cd

3. 字符串的分割

格式：

数组名 = preg_split(正则表达式,字符串)

功能：以正则表达式指定的内容作为分隔符，将字符串分隔为若干子串，并存入数组中。
例如：

```php
<?php
  $str = "good night,friend";
  $pattern = '/[\s,]+/';
  $words = preg_split( $pattern, $str);
  print_r( $words);
  //输出: Array ( [0] => good [1] => night [2] => friend )
?>
```

4. 返回匹配的数组元素

格式：

数组名 2 = preg_grep(正则表达式,数组名 1)

功能：在数组 1 中查找包含正则表达式的元素，若找到，则存入数组 2 中。

```php
<?php
  $array = array("name","number","project","input");
  $a = preg_grep('/^n/', $array);
  print_r( $a);                //输出 Array([0] => name [1] => number)
  $b = preg_grep("/e+/", $array);
  print_r( $b);                //输出 Array([0] => name [1] => number [2] => project )
?>
```

【例 3-4】 在 EX3-4a.php 中制作如图 3-1 所示的表单。使用正则表达式验证用户输入的数据是否满足如下要求：用户名不得超过 10 个字符(字母或数字)；密码必须为 4～14 个数字；手机号码必须为 11 位数字，且第 1 位为 1；邮箱必须为有效的邮箱地址。当单击"注册"按钮后，若用户未输入或输入错误，则会在相应控件的右边显示提示信息，否则，会跳转到 EX3-4b.php 页面。

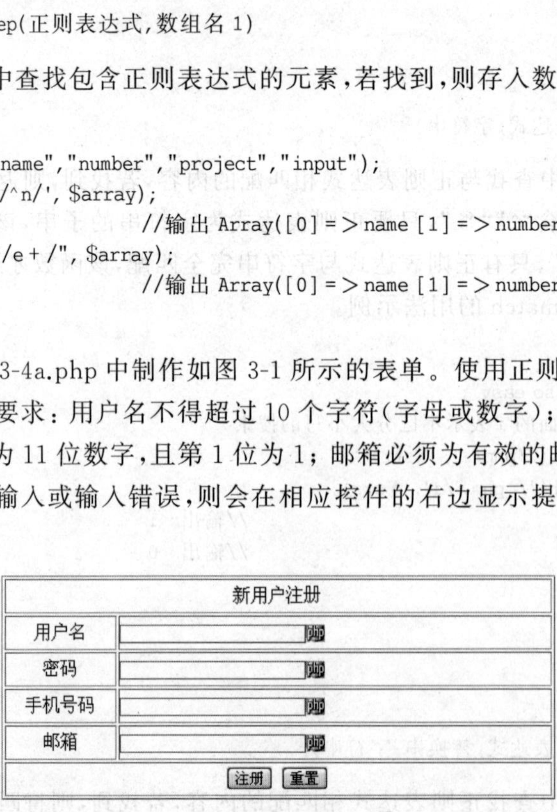

新用户注册	
用户名	卿
密码	卿
手机号码	卿
邮箱	卿
注册 重置	

图 3-1　表单

在 EX3-4b.php 页面中,将用户输入的信息以表格形式显示出来。

新建 EX3-4a.php 页面,输入以下代码。

```
<!DOCTYPE html>
<html>
<head>
<meta http-equiv="Content-Type" content="text/html; charset=utf-8" />
</head>
<body>
<?php
    if (isset($_REQUEST["button"]))
    {
        $test = 1;
        $id = $_REQUEST["ID"];
        $pwd = $_REQUEST["PWD"];
        $phone = $_REQUEST["PHONE"];
        $Email = $_REQUEST["EMAIL"];
        if ($id == '') {$id1 = "用户名不能为空"; $test = 0;}
        elseif (preg_match('/^\w{1,10}$/', $id) == 0) {$id1 = "用户名不超过10个字符(字母、数字)"; $test = 0;}
        if ($pwd == '') {$pwd1 = "密码不能为空"; $test = 0;}
        elseif (preg_match('/^\d{4,14}$/', $pwd) == 0) {$pwd1 = "密码只能为4～14个数字"; $test = 0;}
        if ($phone == ''){$phone1 = "手机号码不能为空"; $test = 0;}
        elseif (preg_match('/^1\d{10}$/', $phone) == 0) {$phone1 = "手机号码必须为11位,且第1位为1"; $test = 0;}
        if ($Email == '') {$Email1 = "Email不能为空"; $test = 0;}
        elseif (preg_match('/^[a-zA-Z0-9_\-]+@[a-zA-Z0-9_]+\.[a-zA-Z0-9_\.]+$/', $Email) == 0) {$Email1 = "邮箱地址无效"; $test = 0;}
        if ($test == 1) header("Location:EX3-4b.php?id=$id&pwd=$pwd&phone=$phone&Email=$Email");
    }
?>
<form id="form1" name="form1" method="post" action="">
  <table width="500" border="1" align="center" cellpadding="0">
    <tr>
      <td height="30" colspan="2" align="center">新用户注册</td>
    </tr>
    <tr>
      <td width="100" height="30" align="center">用户名</td>
      <td height="30"><input type="text" name="ID" id="ID" /><?php echo @ $id1;?>
        </td>
    </tr>
    <tr>
      <td width="100" height="30" align="center">密码</td>
      <td height="30"><input type="password" name="PWD" id="PWD" /><?php echo @
        $pwd1;?></td>
    </tr>
    <tr>
      <td width="100" height="30" align="center">手机号码</td>
      <td height="30"><input type="text" name="PHONE" id="PHONE" /><?php echo @
```

```
        $phone1;?></td>
    </tr>
    <tr>
      <td width = "100" height = "30" align = "center">邮箱</td>
      <td height = "30"><input type = "text" name = "EMAIL" id = "EMAIL" /><?php echo @
        $Email1;?></td>
    </tr>
    <tr>
      <td height = "30" colspan = "2" align = "center"><input type = "submit" name = "button"
        id = "button" value = "注册" />   <input type = "reset" name = "button2" id =
        "button2" value = "重置" /></td>
    </tr>
  </table>
</form>
</body>
</html>
```

新建 EX3-4b.php 页面，输入以下代码。

```
<!DOCTYPE html>
<html>
<head>
<meta http - equiv = "Content - Type" content = "text/html; charset = utf - 8" />
</head>
<body>
<?php
  $id = $_REQUEST["id"];
  $pwd = $_REQUEST["pwd"];
  $phone = $_REQUEST["phone"];
  $Email = $_REQUEST["Email"];
?>
<table width = "400" border = "1" align = "center" cellpadding = "0">
  <tr>
    <td width = "150" height = "30" align = "center">用户名</td>
    <td width = "250" height = "30"><?php echo $id;?></td>
  </tr>
  <tr>
    <td width = "150" height = "30" align = "center">密码</td>
    <td width = "250" height = "30"><?php echo $pwd;?></td>
  </tr>
  <tr>
    <td width = "150" height = "30" align = "center">手机号码</td>
    <td width = "250" height = "30"><?php echo $phone;?></td>
  </tr>
  <tr>
    <td width = "150" height = "30" align = "center">邮箱</td>
    <td width = "250" height = "30"><?php echo $Email;?></td>
  </tr>
</table>
</body>
</html>
```

3.4　项目实训

实训 1　数组和循环嵌套

1. 实训目的

（1）掌握二维数组的定义与二维数组元素的表示。

（2）掌握用表格形式显示二维数组元素的方法。

2. 实训要求

新建一个网页 sx3-1.php，先在其中定义一个二维数组如下：

```
$course = array(
        array("一","二","三","四","五"),
        array("语文","英语","数学","英语","语文"),
        array("体育","语文","音乐","数学","政治"),
        array("数学","美术","语文","体育","数学")
    );
```

然后用二维数组元素制作一个功课表表格来。效果如图 3-2 所示。

一	二	三	四	五
语文	英语	数学	英语	语文
体育	语文	音乐	数学	政治
数学	美术	语文	体育	数学

图 3-2　功课表效果

实训 2　正则表达式的应用

1. 实训目的

（1）学会正则表达式的编写。

（2）掌握若干与正则表达式有关的函数。

2. 实训要求

新建一个网页 sx3-2.php，让用户输入留言，为了避免用户泄露个人信息，程序对所输入的留言信息中的所有数字都替换为“***”。数字包括阿拉伯数字及中文数字，以及小数点。当用户单击“提交”按钮后，在网页下部显示出过滤之后的效果，如图 3-3 所示。

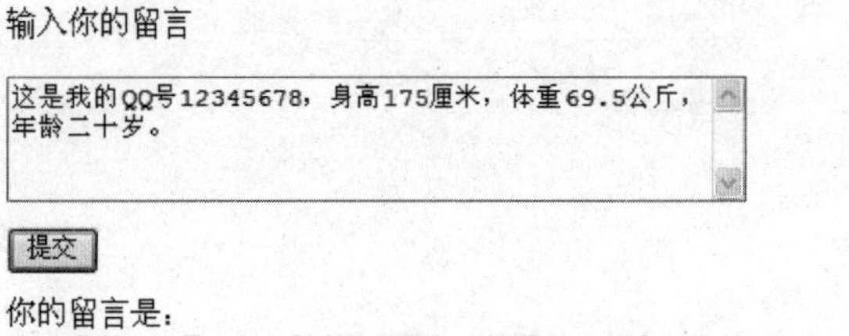

输入你的留言

```
这是我的QQ号12345678，身高175厘米，体重69.5公斤，
年龄二十岁。
```

提交

你的留言是：
这是我的QQ号***，身高***厘米，体重***公斤，年龄***岁。

图 3-3　过滤网页中的数字（包括中文的数字）信息

思考与练习

一、填空题

1. 腾讯 QQ 号是从 10000 开始的整数，那么，QQ 号的正则表达式是_____。

2. 身份证号码由 18 位数字或 17 位数字后加一个 X 或 Y 组成，那么，身份证号码的正则表达式是_____。

3. PHP 中数组的键名_____（可以/不可以）重复，值_____（可以/不可以）重复，默认的数字键名从_____开始。

二、简答题

1. 已知二维数组：

```
$a = array( array("红色","绿色","蓝色"),array(2,4,6,8) );
```

请先写出它的全部元素和相应的值，然后用 print_r() 函数上机验证。

2. 试将下列 2 个数组分离成多个变量，并输出各变量的值。

```
$x = array("key1" = > 1,"key2" = > 2,"key3" = > 3);
$y = array("red","blue","white","yellow");
```

3. 现有变量：$a＝5,$b＝3,$c＝100,$d＝1,$e＝12,$f＝200,利用数组将它们升序输出。

第4章

PHP面向对象程序设计

PHP 从 PHP4 就引进了面向对象的程序设计,但其语言模型并不完善,析构函数、抽象类(接口)、异常处理对象等功能的缺乏,极大地限制了 PHP 开发大规模应用程序的能力。而到了 PHP5,PHP 的语法设计得到了改进,终于使 PHP 成为设计完备、真正具有面向对象能力的脚本语言。

 学习目标

- 掌握类的定义和类的成员。
- 掌握构造函数和析构函数的定义和使用。
- 掌握对象的创建和使用。
- 理解子类的创建。
- 熟练掌握方法的重载。
- 掌握接口的定义和使用。
- 了解接口和抽象类的异同点。

4.1 基本概念

常用的程序设计方法有:结构化程序设计、面向对象程序设计。在结构化程序设计中,数据和处理数据的程序是分离的,当对某段程序进行修改或删除时,整个程序中所有与其相关的部分都要进行相应的修改,导致程序代码的维护比较困难。为了避免这种情况的发生,PHP 引进了面向对象的程序设计,它将数据及处理数据的相应函数"封装"到一个"类"中,类的实例称为"对象"。在一个对象内,只有属于该对象的函数才可以存取该对象的数据。这样,其他函数就不会无意中破坏它的内容,从而达到保护和隐藏数据的效果。

面向对象程序设计有两个主要特征:封装、继承。

1. 封装

封装是指将数据和实现操作的代码捆绑在一起,避免外界的干扰和不确定性。封装是通过类来实现的,类是对具有相同数据和相同操作的一组相似对象的定义,也就是说,类是对具有相同属性和行为的一组对象的描述,而对象是类的具体表现。

2. 继承

一个新类可以继承已定义的类,这时,新类称为子类,已定义的类称为父类。子类继承父类,除继承父类的所有属性和行为外,还可以自己定义新的属性和行为。

4.2 类与对象

4.2.1 创建类

类是面向对象程序设计的核心,类由属性和行为组成,在类中,属性又称成员变量,行为又称成员函数或方法。声明类的语法格式如下:

```
[abstract][final] class 类名
{ 成员变量定义;
    成员函数定义;
}
```

下列代码演示了类的声明。

```
class A
{
    public $a;
    protected $b;
    private $c;
    function setA()
    {
        $this -> a = 1;
        $this -> b = 2;
        $this -> c = 3;
    }
}
```

4.2.2 类的属性和方法

类的成员有两类:成员变量和成员函数。

成员变量又称属性,其声明格式如下:

```
var/public/protected/private [static] 变量名;
```

注意:var、public 都表示公有属性;static 的前面只能使用 public、protected 或 private,不能使用 var。

成员函数又称方法,其声明格式如下:

```
[public/protected/private][static] function 函数名(形参表)
{    }
```

类成员的访问权限有以下 3 种。

(1) private：私有成员，只能被自身类的成员函数访问。

(2) protected：受保护成员，只能被自身类和派生类的成员函数访问。

(3) public：公有成员，可以被任意类的成员函数或类外访问，默认为 public。

在进行类设计时，通常将类的属性设置为私有的，而将方法设置为公有的。这样，类以外的代码不能直接访问类的私有数据，从而实现了数据的封装。而公有的方法可为内部的私有数据提供外部接口。

4.2.3 构造函数和析构函数

PHP 有两个特殊的函数：构造函数和析构函数，分别用于创建和回收对象。构造函数是当类被实例化时首先执行的函数；析构函数是当实例对象从内存删除时执行的函数。在一个对象的生命周期中，都会执行构造函数和析构函数。下面分别介绍构造函数和析构函数的定义和使用方法。

1. 构造函数

构造函数的声明格式如下：

```
[public] function _ _construct(形参表)
{ 函数体 }
```

说明：

(1) 构造函数名为__construct(construct 的前面是两个下画线)。

(2) 一个类最多只能定义一个构造函数，构造函数可带形参，也可不带形参。

(3) 构造函数在创建对象时被自动调用。

2. 析构函数

```
[public] function __destruct()

{ 函数体 }
```

说明：

(1) 析构函数名为__destruct。

(2) 一个类最多只能有一个析构函数，析构函数不带形参。

(3) 析构函数在释放对象时被自动调用。

【例 4-1】 构造函数和析构函数的用法示例。

```php
<?php
  class Con
  {
      function _ _construct( $num)
      {
          echo "执行构造函数 $num";
      }
      function _ _destruct()
      {
          echo "执行析构函数";
      }
```

```
    }
    $a = new Con('1');        //创建对象 $a
    $b = new Con('2');        //创建对象 $b
?>
```

程序说明：运行结果为"执行构造函数1→执行构造函数2→执行析构函数→执行析构函数"，因为程序执行完毕时，要释放对象 $a、$b，所以会自动调用两次析构函数。

4.2.4　创建对象

类只存在于文件中，程序不能直接调用，需要创建一个对象后程序才能调用，创建一个类对象的过程叫作类的实例化。

1.创建对象

格式1：

对象名 = new 类名；

格式2：

对象名 = new 类名(实参表)；

说明：

(1)格式1用于指定类中未包含构造函数或包含无参构造函数；格式2用于指定类中包含带参构造函数。

(2)先创建一个类，然后在类的外面创建该类的对象。

(3)创建对象意味着为对象或类的公有属性开辟存储单元。

【例 4-2】　对象的创建示例。

```
<?php
  class A
  {
      public $a;
      protected $b;
      private $c;
      function setA()
      {
          $this -> a = 1;
          $this -> b = 2;
          $this -> c = 3;
      }
  }
  $obj = new A;
  $obj -> setA();
  echo $obj -> a;        //在类外只能访问公有成员
?>
```

2.非静态成员与静态成员

非静态成员属于某个对象，不同的对象有各自的非静态成员，所以非静态成员的引用格式如下：

```
$this->非静态成员    (在类内引用,属性名前面要省略$)
对象名->非静态成员   (在类外引用,属性名前面要省略$)
```

静态成员属于整个类,被该类的所有对象共享,所以静态成员的引用格式如下:

```
类名::静态成员      (在类内与类外引用,属性名前面有$)
```

说明:

(1)"::"称为范围解析符,访问静态属性和静态方法需要使用范围解析符。

(2)$this不能出现在静态方法中。

【**例4-3**】　非静态成员与静态成员的比较示例。

```php
<?php
1    class Student
2    {
3        var $a;
4        static $b;
5        function _ _construct()
6        {
7            $this->a = 20;
8            Student:: $b = 200;
9        }
10   }
11   $stu1 = new Student();
12   $stu2 = new Student();
13   $stu1->a = 10;
14   Student:: $b = 100;
15   echo '$stu2->a = '. $stu2->a.'<br>';
16   echo 'Student:: $b = '. Student:: $b;
?>
```

程序说明: 第11行和第12行创建了两个对象,即$stu1和$stu2,它们有各自的$a属性值,但$b属性值为两个对象共享,所以程序运行结果如下:

```
$stu2->a = 20
Student:: $b = 100
```

4.3　类的继承

4.3.1　子类的创建

PHP只支持单继承,即一个子类只能有一个父类。子类可以继承父类的非私有属性和非私有方法(包括继承父类的构造函数和析构函数),还可以定义自己的新成员。

继承性使软件模块可以最大限度地被复用,并且编程人员可以对他人或自己以前的模块进行扩充,而不需要修改原来的源代码,这大大提高了软件的开发效率。

继承的语法如下:

```
class 子类 extends 父类
    { 类的属性和方法定义 }
```

【例 4-4】　子类继承父类的示例。

```php
<?php
1    class A
2    {
3        public $a;
4        protected static $b = "string2 ";
5        private $c = "string3 ";
6        function _ _construct()
7        {
8            $this - > a = "string1 ";
9        }
10       public function a_fun()
11       {
12         $this - > a = "string4 ";
13       }
14   }
15   class B extends A
16   {
17       public $x;
18       public function b_fun()
19       {
20           //parent::a_fun();
21           $this - > a_fun();
22           echo $this - > a;
23           echo B:: $b;
24       }
25   }
26   $obj = new B;
27   echo $obj - > a;
28   $obj - > b_fun();
?>
```

程序说明：子类 B 共有 3 个属性：$a、$b、$x，以及 3 个方法：__construct()、a_fun()、b_fun()。第 26 行创建对象 $obj，意味着为 $obj - > a、$obj - > x 开辟存储单元，程序的运行结果为：

string1 string4 string2

在子类中，引用从父类继承下来的成员与引用自己定义的成员，语法是一致的。但引用父类的方法还可使用 parent::父类方法，如第 20 行和第 21 行效果是相同的。

4.3.2　方法覆盖

在一个类中，可以定义多个名称相同的方法，但形参个数或形参类型有所不同，则这多个方法互为重载。PHP 目前不支持方法的重载，即在一个类中不允许定义多个名称相同的方法。

方法的覆盖是指在父类和子类中，分别定义声明部分完全相同的方法，则称子类的方法覆盖父类的方法。PHP 支持方法的覆盖，在 PHP 中，只要子类定义的方法与父类中的方法名称相同,不管形参是否相同,都称子类的方法覆盖父类的方法。此时,父类的方法隐藏起来。

【例 4-5】 方法覆盖的示例。

```php
<?php
  class A
  {
      public $x = "stringA";
      function func( $a)
      {
          echo "父类 A";
      }
  }
  class B extends A
  {
      public $x = "stringB";
      function func()
      {
          echo "子类 B";
      }
  }
  $b = new B();
  echo $b->x;
  $b->func();
?>
```

程序说明:在类 B 中,类 B 的属性 $x 和方法 func() 分别覆盖了类 A 的 $x 和 func(),所以,类 B 只有一个属性 $x 和一个方法 func()。

4.4 抽象类与接口

4.4.1 抽象类

1. 抽象方法

抽象方法只提供方法的声明,不提供方法的具体实现。即抽象方法的语法格式如下:

abstract function 函数名(形参表);

2. 抽象类示例

用 abstract 修饰的类称为抽象类。只要类中有一个方法被声明为 abstract,则该类必须为抽象类,抽象类具有如下特性。

(1) 一个抽象类一般包含一个或多个抽象方法。

(2) 抽象类只能用来派生子类,不能创建对象。

(3) 当子类继承一个抽象类时,子类必须给出父类抽象方法的具体实现。

【例 4-6】 抽象类的示例。

```php
<?php
  //定义抽象类 teacher
```

```php
abstract class teacher
{
    var $number = "101";
    var $project;
    abstract function shownumber();
    abstract function getproject( $x);
    function showproject()
    {
        echo $this - > project;
    }
}
//定义子类 stu
class stu extends teacher
{
    function shownumber()
    {
        echo $this - > number;
    }
    function getproject( $x)
    {
        $this - > project = $x;
    }
}
$obj = new stu;
$obj - > shownumber();
$obj - > getproject("计算机");
$obj - > showproject();
?>
```

4.4.2　接口

1. 接口的定义

PHP 只能进行单继承，即一个类只能有一个父类。为了解决这个问题，PHP5 引入了接口的概念，接口是一个特殊的抽象类。接口中声明的方法都是抽象方法，接口中不能使用属性，但可以使用 const 关键字定义的常量。接口的定义格式如下：

```
interface 接口名
{ const 符号常量 = 初值;
  function 函数名(形参表);
}
```

注意：

（1）接口类似于抽象类，接口中的所有方法都是抽象方法。

（2）在接口定义中，必须省略关键字 abstract。

（3）在抽象方法定义中，必须省略关键字 abstract。

2. 接口的实现

定义了接口之后可以将其实例化，接口的实例化称为接口的实现。要实现一个接口需要一个子类来实现接口的所有抽象方法，一个子类在继承一个父类的同时，可以实现多个接

口,这样就解决了多继承的问题。接口的实现格式如下:

```
class 类名 implements 接口名表
{      }
```

【例 4-7】　接口的定义和实现示例。

```php
<?php
interface Teacher
{
    const name = "";
    function getname( $name);
}
interface Stu
{
    function showname();
}
class Cstu implements Teacher,Stu
{
    var $name = "";
    function getname( $name)
    {
        $this - > name = $name;
    }
    function showname()
    {
        echo $this - > name;
    }
}
$obj = new Cstu;
$obj - > getname("王林");
$obj - > showname();
?>
```

接口与抽象类的区别是:定义接口必须省略 abstract;定义抽象类必须使用 abstract。接口中只能包含抽象方法,且抽象方法必须省略 abstract;抽象类中可包含抽象方法与非抽象方法,而抽象方法必须使用 abstract。

4.5　实例——设计一个学生类

【例 4-8】　设计一个学生类,在其中定义学号、姓名、性别等属性,定义构造函数用于对学生的属性赋值,定义一个方法用于输出学生的信息。

程序代码如下:

```html
<!DOCTYPE html >
< html >
< head >
< meta http - equiv = "Content - Type" content = "text/html; charset = utf - 8" />
< title >学生类示例</title>
</head>
```

```
< body >
< form name = "form1" method = "post" action = "">
  学号: < input name = "number" type = "text" size = "20">< br >
  姓名: < input name = "name" type = "text" size = "20">< br >
  性别: < input type = "radio" name = "sex" value = "男">男    
    < input type = "radio" name = "sex" value = "女">女< br >
    < input type = "submit" name = "button" value = "显示">
</form >
</body >
</html >
<?php
  class student
  {
      private $number, $name, $sex;
      function _ _construct( $xh, $xm, $xb)
      {
          $this - > number = $xh;
          $this - > name = $xm;
          $this - > sex = $xb;
      }
      function show()
      {
          echo "学号: ". $this - > number."< br >";
          echo "姓名: ". $this - > name."< br >";
          echo "性别: ". $this - > sex;
      }
  }
  if (isset( $_POST["button"]))
  {
      $xh = $_REQUEST["number"];
      $xm = $_REQUEST["name"];
      $xb = $_REQUEST["sex"];
      $stu = new student( $xh, $xm, $xb);
      $stu - > show();
  }
?>
```

4.6　项目实训——设计一个盒子类

1. 实训目的

（1）掌握 PHP 中类的定义、实例化。

（2）掌握 PHP 类中属性、方法的访问。

2. 实训要求

（1）设计一个表示盒子的类 Box，使之具有宽度、高度和深度等属性，定义构造函数对盒子的属性进行初始化，定义一个方法 showBox( )用于显示盒子的体积。

（2）当用户在表单中输入数据，单击"求体积"按钮后，就能：①创建 Box 类的对象；

②调用 showBox()方法。表单界面如图 4-1 所示。

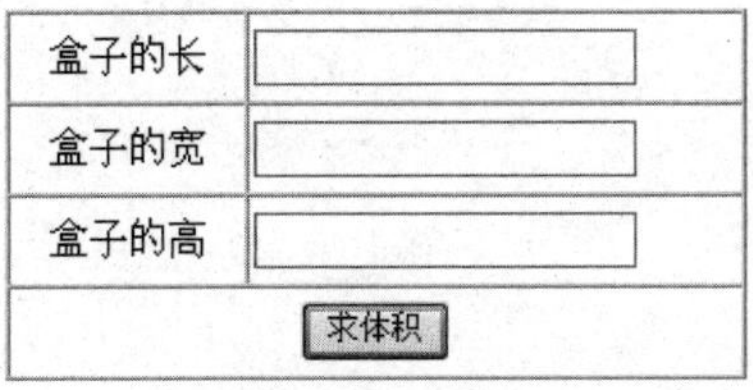

盒子的长	
盒子的宽	
盒子的高	
求体积	

图 4-1　盒子表单界面

思考与练习

一、填空题

1. 在进行类设计时,通常将类的属性设置为_____(填访问权限)的,而将方法设置为_____(填访问权限)的。

2. 在类内引用非静态成员的格式是_____,在类外引用非静态成员的格式是_____。不管类内还是类外,引用静态成员的格式是_____。

3. 一个子类在继承一个_____的同时,可以实现多个_____,这样就解决了多继承的问题。

二、简答题

1. 除例 4-5 外,再举一个方法覆盖的例子。

2. 接口和抽象类有什么区别?

第 5 章

构建PHP互动网页

使用 PHP 和 HTML 可以制作出内容丰富的动态网页。网页的架构可以通过 HTML 完成,数据的处理、与数据库的交互通过 PHP 完成。本章将具体介绍如何使用 PHP 处理 Web 页面,实现与用户的交互。与数据库的交互放在后面的章节中介绍。

- 掌握获取表单数据的方法。
- 掌握获取 URL 参数值的方法。
- 掌握页面跳转的常用方法。
- 学会利用 JavaScript 脚本验证表单数据。
- 掌握实现会话的步骤。

5.1 PHP 与表单

5.1.1 获取表单数据的方法

在 Web 开发中,通常使用表单来实现程序与用户的交互。用户在表单上输入数据,然后通过单击按钮或超链接提交表单,将数据传输到服务器以进行相应的处理。

获取表单数据可以使用 $_POST、$_GET 和 $_REQUEST 三种方法。

(1) $_POST["表单变量"]:取得从客户端以 POST 方式传递过来的表单变量的 value 值。

(2) $_GET["表单变量"]:取得从客户端以 GET 方式传递过来的表单变量的 value 值。

(3) $_REQUEST["表单变量"]:取得从客户端以任意方式传递过来的表单变量的 value 值。

在上面三种方法中,若表单变量未存在,则返回 null;若表单变量的值为空,则返回""。

表单变量又称表单控件,如文本框、单选按钮、复选框等。在同一个表单中,多个单选按钮成组出现,用户只能从中选择一个,它们的名称要设置相同,如 name = "sex",而 $_REQUEST["sex"]获取的是选中的那个单选按钮的 value 值。在同一个表单中,多个复选框也成组出现,但允许用户选择多个,它们的名称要设置相同且必须为数组形式,如 name="xq[]",而 $_REQUEST["xq"]获取的是一个数组,数组中保存了用户选择的所有复选框的 value 值。

5.1.2　实例——使用 PHP 脚本验证表单数据

【例 5-1】　在 EX5-1a.php 中制作一个学生信息表单,设计界面如图 5-1 所示。使用 PHP 脚本验证用户输入的数据:学号必须输入,且必须为 6 位数字;姓名必须输入;性别必须选择;出生日期必须输入,且格式为 yyyy-mm-dd;所学专业和兴趣必须选择。当单击"提交"按钮后,若用户未输入或输入错误,则会在相应控件的右边显示提示信息,否则,会跳转到 EX5-1b.php 页面。

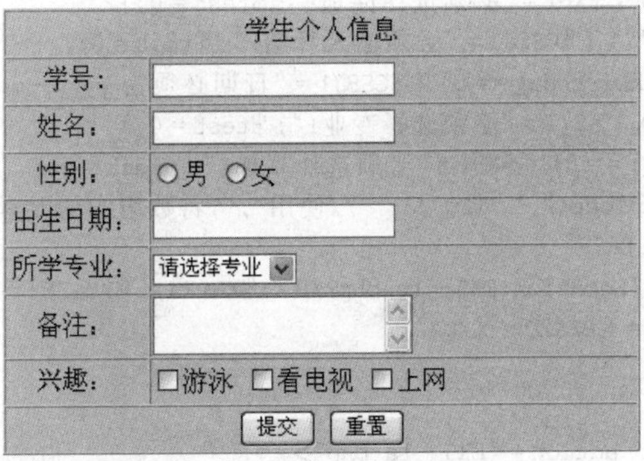

图 5-1　设计界面

在 EX5-1b.php 页面中,将用户输入的信息以表格形式显示出来。

新建 EX5-1a.php 页面,输入以下代码。

```
<!DOCTYPE html>
<html>
<head>
<meta http-equiv = "Content-Type" content = "text/html; charset = utf-8" />
    <title>学生个人信息</title>
    <style type = "text/css">
        table{
            width:400px;
            margin:0 auto;
            background: #CCFFCC;
        }
        div{
            text-align:center;
        }
    </style>
</head>
<body>
```

```php
<?php
if (isset( $_REQUEST["BUTTON1"]))
{
    $test = 1;
    $XH = $_REQUEST["XH"];              //若表单变量的值为空,则返回""
    $XM = $_REQUEST["XM"];
    $XB = @ $_REQUEST["SEX"];              //若未选中任何选项,则 SEX 不存在
    $CSSJ = $_REQUEST["Birthday"];
    $ZY = $_REQUEST["ZY"];
    $BZ = $_REQUEST["BZ"];
    $XQ = @ $_REQUEST["XQ"];           //$XQ 为数组
    //若正则表达式中含^、$,只有正则表达式与字符串完全匹配,该函数才返回 1
    $checkbirthday = preg_match('/^\d{4} - (0?\d|1?[012]) - (0?\d|[12]\d|3[01]) $/',
    $CSSJ);
    if( $XH == "") { $XH1 = "必须输入学号!"; $test = 0;}
    elseif(preg_match('/\d{6}/', $XH) == 0) { $XH1 = "学号必须为 6 位数字!"; $test = 0;}
    if ( $XM == "") { $XM1 = "必须输入姓名!"; $test = 0;}
    if ( $XB == "") { $XB1 = "必须选择性别!"; $test = 0;}
    if ( $CSSJ == "") { $CSSJ1 = "必须输入日期!"; $test = 0;}
    elseif ( $checkbirthday == 0) { $CSSJ1 = "日期必须为 yyyy - mm - dd!"; $test = 0;}
    if ( $ZY == "") { $ZY1 = "必须选择专业!"; $test = 0;}
    if (count( $XQ) == 0) { $XQ1 = "必须选择兴趣!"; $test = 0;}
    else $XQ2 = implode(",", $XQ);      //使用",",将数组中的元素连接成一个字符串
    if ( $test == 1)
            header("Location:EX5 - 1b. php?XH = $XH&XM = $XM&SEX = $XB&Birthday = $CSSJ&ZY =
            $ZY&BZ = $BZ&XQ = $XQ2");
}
?>
< form method = "post" action = "EX5 - 1a. php">
  < table width = "720" border = "1" cellspacing = "0">
      < tr >
          < td height = "25" colspan = "2">< div >学生个人信息</div ></td >
      </tr >
      < tr >
          < td width = "180" height = "25" align = "center">学号:</td >
          < td width = "540" height = "25">< input name = "XH" type = "text">  <?php
          echo @ $XH1; ?></td >
      </tr >
      < tr >
          < td width = "180" height = "25" align = "center">姓名:</td >
          < td width = "540" height = "25">< input name = "XM" type = "text">  <?php
          echo @ $XM1; ?></td >
      </tr >
      < tr >
          < td width = "180" height = "25" align = "center">性别:</td >
          < td width = "540" height = "25">
              < input name = "SEX" type = "radio" value = "男">男
              < input name = "SEX" type = "radio" value = "女">女  <?php echo @ $XB1; ?>
          </td >
      </tr >
      < tr >
```

```
            < td width = "180" height = "25" align = "center">出生日期: </td>
            < td width = "540" height = "25"><input name = "Birthday" type = "text">  
            <?php echo @ $CSSJ1; ?></td>
        </tr>
        <tr>
            < td width = "180" height = "25" align = "center">所学专业: </td>
            < td width = "540" height = "25">
                < select name = "ZY">
                    < option value = "">请选择专业</option>
                    < option>计算机科学与技术</option>
                    < option>网络工程</option>
                    < option>软件工程</option>
                </select>  <?php echo @ $ZY1; ?></td>
        </tr>
        <tr>
            < td width = "180" height = "25" align = "center">备注: </td>
            < td width = "540" height = "25">< textarea name = "BZ"></textarea></td>
        </tr>
        <tr>
            < td width = "180" height = "25" align = "center">兴趣: </td>
            < td width = "540" height = "25">
                < input name = "XQ[ ]" type = "checkbox" value = "游泳">游泳
                < input name = "XQ[ ]" type = "checkbox" value = "看电视">看电视
                < input name = "XQ[ ]" type = "checkbox" value = "上网">上网  <?php echo
                @ $XQ1; ?>
            </td>
        </tr>
        <tr>
            < td height = "25" colspan = "2" align = "center">
                < input type = "submit" name = "BUTTON1" value = "提交">
                < input type = "reset" name = "BUTTON2" value = "重置">
            </td>
        </tr>
    </table>
</form>
</body>
</html>
```

新建 EX5-1b.php 页面,输入以下代码。

```
<?php
    $XH = $_REQUEST["XH"];
    $XM = $_REQUEST["XM"];
    $XB = $_REQUEST["SEX"];
    $CSSJ = $_REQUEST["Birthday"];
    $ZY = $_REQUEST["ZY"];
    $BZ = $_REQUEST["BZ"];
    $XQ = $_REQUEST["XQ"];
?>
< table width = "400" border = "1" align = "center" cellpadding = "0">
    < tr>
```

```
        < td width = "150" height = "30" align = "center">学号</td>
        < td height = "30"><?php echo $XH; ?></td>
    </tr>
    < tr >
        < td width = "150" height = "30" align = "center">姓名</td>
        < td height = "30"><?php echo $XM; ?></td>
    </tr>
    < tr >
        < td width = "150" height = "30" align = "center">性别</td>
        < td height = "30"><?php echo $XB; ?></td>
    </tr>
    < tr >
        < td width = "150" height = "30" align = "center">出生日期</td>
        < td height = "30"><?php echo $CSSJ; ?></td>
    </tr>
    < tr >
        < td width = "150" height = "30" align = "center">所学专业</td>
        < td height = "30"><?php echo $ZY; ?></td>
    </tr>
    < tr >
        < td width = "150" height = "30" align = "center">备注</td>
        < td height = "30"> <?php echo $BZ; ?></td>
    </tr>
    < tr >
        < td width = "150" height = "30" align = "center">兴趣</td>
        < td height = "30"><?php echo $XQ; ?>
        </td>
    </tr>
</table>
```

5.2 URL 处理

5.2.1 获取 URL 参数值

Internet 上每个网页都有它自己的地址,称为 URL(统一资源定位符)。URL 通常的格式如下:

```
url?参数名 1 = 值 1& 参数名 2 = 值 2& 参数名 3 = 值 3
```

获取各参数值的格式如下:

```
$_GET["参数名"]
$_REQUEST["参数名"]
```

【例 5-2】 获取超链接参数的示例。

```
< a href = "?no = 1&name = 张三">单击</a>
<?php
    echo @ $_GET["no"];
    echo @ $_GET["name"];
?>
```

程序说明：超链接中"?"号前面省略将要访问的网页路径，表示当前网页。考虑到第 1 次访问网页时，服务器端不存在 no，$_GET["no"]将返回 null，无法输出，所以必须在 $_GET["no"]前面加入错误控制符@。

5.2.2 解析 URL

在 PHP 中可以使用 parse_url()函数解析一个 URL，语法格式如下。

格式 1：

数组名 = parse_url(URL)

功能：将 URL 的各个组成部分分开，并分别存入数组中。

说明：本函数不是用于解析 URL 的合法性，不完整的 URL 也可接受。URL 的组成部分有：scheme（协议）、host（主机）、port（端口号）、user（用户名）、pass（密码）、path（路径）、query（在问号？之后的内容）、fragment（在散列号♯之后的内容）。

例如：

```php
<?php
  $url = "http://username:password@www.php.net/index.php?arg = value#anchor";
  $a = parse_url( $url);
  print_r( $a);          //输出所有元素的键名和值
  /* 输出：Array ( [scheme] => http [host] => www.php.net [user] => username
               [pass] => password [path] => /index.php [query] => arg = value
               [fragment] => anchor )
   */
?>
```

格式 2：

变量名 = parse_url(URL,参数)

功能：获取 URL 中的某一个组成部分。

说明：参数是指 PHP_URL_SCHEME、PHP_URL_HOST、PHP_URL_PORT、PHP_URL_USER、PHP_URL_PASS、PHP_URL_PATH、PHP_URL_QUERY 或 PHP_URL_FRAGMENT 中的一个。

例如：

```php
<?php
  $url = "http://username:password@www.php.net/index.php?arg = value#anchor";
  $a = parse_url( $url,PHP_URL_PATH);
  echo $a;              //输出："/index.php"
?>
```

5.2.3 URL 编码和解码

如果 URL 参数中含有汉字，为防止在传递过程中出现乱码，需要对 URL 进行编码。所谓编码就是将 URL 中除了字母、数字、"-""_""."之外的所有字符都替换为一个以％开头后跟 2 位十六进制数的 3 位字符串。

URL 编码的语法格式如下：

```
urlencode(URL)
```

例如:

```php
<?php
  $url = "http://www.php.net";
  echo urlencode( $url);          //输出"http % 3A % 2F % 2Fwww.php.net"
?>
```

URL 编码后需要使用 urldecode() 进行解码,语法格式如下:

```
urldecode(URL)
```

功能:将 URL 中所有以"%"开头后跟 2 位十六进制数的 3 位字符串进行解码,并返回解码后的字符串。例如:

```php
<?php
  $url = "http % 3A % 2F % 2Fwww.php.net";
  echo urldecode( $url);          //输出"http://www.php.net"
?>
```

5.3 页面跳转

PHP 网页由 PHP 脚本、HTML 标记、JavaScript 脚本三部分组成,每部分都可实现页面跳转。

5.3.1 在 PHP 脚本中实现页面跳转

在 PHP 脚本中,使用 header() 函数可实现页面跳转,语法格式如下:

```
header("Location:文件名")
```

例如:

```
header("Location:http://www.163.com");
```

5.3.2 在 HTML 标记中实现页面跳转

在 HTML 标记中,使用提交表单、文件超链接都能实现页面跳转。

1. 提交表单

将<form>标记的 action 属性设置为要跳转的页面,提交表单后就跳转到该页面。例如:

```html
< form name = "form1" method = "post" action = "index.php">
  < input type = "text" name = "no" />
  < input type = "submit" name = "button" value = "提交" />
</form >
```

2. 文件超链接

语法格式如下:

```
<a href = "文件名">
```

例如：

```
<a href = "index.php?no = 1&name = 张三">单击</a>
```

5.3.3 在 JavaScript 脚本中实现页面跳转

在 JavaScript 脚本中，从当前网页跳转到其他网页的格式如下：

```
window.location.replace("文件名")
```

例如：

```
<script language = "javascript">
    window.location.replace("index.php?no = 1&name = 张三");
</script>
```

程序说明：window.location.replace()是一个 JavaScript 语句，JavaScript 语句的存放位置如下。

(1) 直接放在<script language＝"javascript">与</script>中。

(2) 放在按钮控件的 onclick 事件之后。例如：

```
<input type = "button" value = "打开" name = "B1"onclick = "javascript 语句">
```

【例 5-3】 将数据从一个页面传送到另一页面的方式演示。

(1) 在 EX5-3a.php 页面创建如图 5-2 所示的初始界面，在其中创建三种页面跳转方式，用于将"no＝1，name＝张三"从 EX5-3a.php 传送到 EX5-3b.php 的方式。

将"no=1，name=张三"从EX5-3a.php传送到EX5-3b.php的方式	
1.在php脚本中实现页面跳转	执行
2.文件超链接	跳到EX5-3b.php
3.在JavaScript脚本中实现页面跳转	执行

图 5-2 EX5-3a.php 的初始界面

具体代码如下：

```
<?php
  if (isset( $_POST["button1"]))
  {
      header("Location:EX5 - 3b.php?no = 1&name = 张三");
  }
?>
<form name = "form1" method = "post" action = "">
<table width = "450" border = "1" align = "center" cellspacing = "0">
  <tr>
    <td height = "30" colspan = "2" align = "center">将"no = 1,name = 张三"从 EX5 - 3a.php 传送
    到 EX5 - 3b.php 的方式</td>
  </tr>
  <tr>
```

```
        < td width = "300" height = "30">1.在 php 脚本中实现页面跳转</td>
        < td width = "150" height = "30" align = "center">< input type = "submit" name = "button1"
        value = "执行" /></td>
      </tr>
      < tr >
        < td width = "300" height = "30">2.文件超链接</td>
        < td width = "150" height = "30" align = "center">< a href = "EX5 - 3b.php?no = 1&name = 张三"
        >跳到 EX5 - 3b.php </a></td>
      </tr>
      < tr >
        < td width = "300" height = "30">3.在 javascript 脚本中实现页面跳转</td>
        < td width = "150" height = "30" align = "center">< input type = "button" name = "button3"
        value = "执行" onclick = "window.location.replace('EX5 - 3b.php?no = 1&name = 张三')"/>
        </td>
      </tr>
    </table>
  </form>
```

（2）创建 EX5-3b.php 页面，用于接收从 EX5-3a.php 传送过来的数据。单击"返回"按钮，就能返回 EX5-3a.php 页面。

具体代码如下：

```
<?php
    $no = $_REQUEST["no"];
    $name = $_REQUEST["name"];
    echo "学号:", $no,"姓名:", $name;
?>
< br /><br />
< input type = "button" name = "button" value = "返回"
        onclick = "window.location.replace('EX5 - 3a.php')"/>
```

5.4　在 PHP 中嵌入 JavaScript

5.4.1　JavaScript 简介

JavaScript 是在 1995 年，由 Netscape 公司的 Brendan Eich 在 Netscape 浏览器上首次设计成功的。虽然名字中含有 Java，但它与 Java 语言是两种不同的语言，但 JavaScript 的语法与 Java 语言非常类似。

JavaScript 是一种网页脚本语言，JavaScript 代码可以很容易嵌入 HTML 网页中，为网页添加各式各样的动态功能，为用户提供更流畅美观的浏览效果。JavaScript 具有以下特点。

（1）脚本语言。JavaScript 是一种解释型脚本语言。

（2）区分字母大小写。JavaScript 是一种区分字母大小写的语言。

（3）弱变量类型。JavaScript 中的变量为弱变量类型，即变量的类型由它所赋值的类型决定。

（4）跨平台性。JavaScript 脚本语言不依赖于操作系统，仅需要浏览器的支持。目前

JavaScript 已被大多数浏览器支持。

（5）动态性。JavaScript 主要用来向 HTML 页面添加交互行为。

JavaScript 脚本可以直接嵌入 HTML 页面，也可写成单独的 js 文件。例如：

首先，在 code.js 中写入 window.alert("第一个 JavaScript 程序")，然后在网页中插入
＜script src＝"code.js" type＝"text/javascript"＞＜/script＞来导入 code.js 文件。

5.4.2 JavaScript 语句

1. 定义变量

JavaScript 变量无须类型声明，定义变量的格式如下：

```
var 变量名[ = 初始值];
```

例如：

```
var a = 5;
```

2. if 语句

if 语句也叫分支语句，语法格式如下：

```
if (表达式)语句1  [else  语句2]
```

功能：当表达式的值为真时，就执行"语句1"，否则执行"语句2"。

3. switch 语句

switch 语句也叫多分支语句，语法格式如下：

```
switch(表达式)
{   case 常量1: 语句块1;
                break;
    case 常量2: 语句块2;
                break;
        ⋮
    case 常量n: 语句块n;
                break;
    [ default: 语句组n+1;]
}
```

功能：首先计算表达式的值，如果表达式值与某个 case 块的常量相等，就转去执行该
case 块的语句；当表达式值与任何 case 块的常量都不相等时，就执行 default 中的语句。

4. 循环语句

JavaScript 语言共有 3 种循环语句：for 语句、while 语句、do-while 语句，它们的语法格
式与 PHP 相同，这里不再赘述。

5. 定义函数

JavaScript 的函数定义格式与 PHP 相同，即：

```
function 函数名(形参表)
{        }
```

6. 注释语句

JavaScript 语言的注释与 PHP 相同，即：

```
单行注释: //
多行注释: /* ... */
```

5.4.3 JavaScript 内置对象

JavaScript 提供了许多内置对象，构成对象体系，如图 5-3 所示。最高一层是 window（浏览器），它包含 document（网页页面）、history（历史）、location（位置）等子对象，这些子对象又有自己的属性和下一层的子对象。因此，在访问一个对象时，原则上从 window 开始，由表及里逐次取其子对象，直到取到要访问的对象为止，但在实际使用时，window 可以省略。例如，将网页页面的背景色设置为蓝色的 JavaScript 语句为：

```
window.document.bgColor = "blue"
```

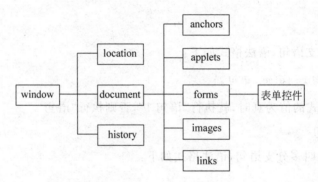

图 5-3　JavaScript 对象体系

5.4.4 window 对象的方法

1. alert 方法

格式：

```
window.alert(字符串);
```

功能：产生一个对话框，只含一个"确定"按钮。

2. confirm 方法

格式：

```
x = window.confirm(字符串);
```

功能：产生一个对话框，含有"确定""取消"按钮。当用户单击"确定"按钮时，返回 true；单击"取消"按钮时，返回 false。

3. prompt 方法

格式：

```
x = window.prompt(提示信息[,默认值]);
```

功能：产生一个输入框，让用户输入数据，并返回一个字符串给 x。

注意：若运行 prompt 方法不会产生输入框，则在 IE 中选择"工具"→"Internet 选项"→"安全"→"自定义级别"，在"安全设置"对话框中启用"允许网站使用脚本窗口提示获得信息"。

【例 5-4】 从键盘输入三个数，将最大数输出。

```
< script language = "javascript">
  x = Number(window.prompt("x = "));
  y = Number(window.prompt("y = "));
  z = Number(window.prompt("z = "));
  if (x > y) max = x; else max = y;
  if (z > max) max = z;
  window.alert("最大数为:" + max);
</script>
```

4. open 方法

格式：

```
window.open("网页文件名" [,"窗口名称"] [,"窗口风格"]);
对象名 = window.open("网页文件名" [,"窗口名称"] [,"窗口风格"]);
```

功能：打开一个新窗口，用于显示指定的网页，并返回窗口对象。

注意：窗口名称，即新打开的窗口的名称，常用""代替。窗口风格主要包括 width＝n，height＝n，menubar [=1|0]等选项，选项间用","作为分隔符。若省略窗口风格，则窗口按默认的风格显示。

5. close 方法

格式 1：

```
window.close();
```

功能：关闭当前窗口。

格式 2：

```
窗口对象名.close();
```

功能：关闭指定的窗口对象。

【例 5-5】 在 EX5-5.php 页面中，单击"打开"按钮，就能在新窗口中显示 common.htm 网页；单击"关闭"按钮，就能关闭刚才打开的窗口。

主要代码如下：

```
< script language = "javascript">
  function check()
  {
      x = window.open ("common.htm","","width = 400, height = 200");
  }
</script>
< input type = "button" name = "open" value = "打开" onclick = "check()"/>
< input type = "button" name = "close" value = "关闭" onclick = "x.close()" />
```

6. print 方法

格式：

```
window.print();
```

功能：打印当前窗口。

7. setTimeout 方法

格式：

```
window.setTimeout("函数名()",延时时间);
对象名 = window.setTimeout("函数名()",延时时间);
```

功能：设置一个计时器，用来在指定的时间后调用一个函数，并返回一个计时器标识。延时时间的单位是毫秒。

8. clearTimeout 方法

格式：

```
window.clearTimeout(计时器标识);
```

功能：清除计时器标识。

【例 5-6】 在 EX5-6.php 页面中，单击"开始"按钮，就能在页面显示一个实时的数字时钟；单击"停止"按钮，数字时钟就停止下来，如图 5-4 所示。

图 5-4 数字时钟

主要代码如下：

```
< table width = "200" border = "1" align = "center" cellpadding = "0">
  < tr >
    < td height = "30" align = "center">数字时钟</td>
  </tr>
  < tr >
    < td height = "30" align = "center" id = "w1">  </td>
  </tr>
  < tr >
    < td height = "30" align = "center">< input type = "button" name = "button" value = "开 始"
    onclick = "begin()" />
    < input type = "button" name = "button2" value = "停 止" onclick = "stop()"/></td>
  </tr>
</table>
< script language = "javascript">
  var id;
  function begin()
  {
      var today = new Date(); //today 包含年月日时分秒星期几信息
```

```
        var hour = today.getHours();
        var minute = today.getMinutes();
        var second = today.getSeconds();
        if (minute < 10) minute = "0" + minute;
        if (second < 10) second = "0" + second;
        w1.innerHTML = hour + ":" + minute + ":" + second;
        id = setTimeout("begin()",1000);
    }
    function stop()
    { window.clearTimeout(id);}
</script>
```

5.4.5　window 对象的子对象

1. document 子对象

document 子对象的常用属性和方法如下。

（1）bgColor 属性

bgColor 属性用于设置页面背景颜色，例如：

```
document.bgColor = "blue";
```

（2）fgColor 属性

fgColor 属性用于设置页面前景颜色，例如：

```
document.fgColor = "red";
```

（3）title 属性

title 属性用于设置页面的标题，例如：

```
document.title = "与时俱进";
```

（4）write 方法

格式：

```
document.write(表达式表);
```

功能：输出各表达式的值。

2. location 子对象

location 子对象的常用方法如下：

```
window.location.replace("文件名");
```

功能：转去执行指定的网页文件。

3. history 子对象

history 子对象的常用方法如下。

（1）forward 方法

格式：

```
window.history.forward();
```

功能：前进至当前页面之后访问过的页面，相当于浏览器工具栏上的"前进"按钮。

（2）back 方法

格式：

```
window.history.back();
```

功能：后退至当前页面之前访问过的页面，相当于浏览器工具栏上的"后退"按钮。

【例 5-7】 前进、后退用法的示例。

（1）在 EX5-7a.php 页面中，首先通过超链接使 a、b 页面形成前后关系，才能使用"前进""后退"按钮。主要代码如下：

```
<p>这是 a 页面</p>
<p>首先,通过超链接使 a、b 页面形成前后关系,才能使用"前进""后退"按钮.
<br /><a href="EX5-7b.php">进入 b 页面</a></p>
<p><input type="button" name="button" value="前进" onclick="window.history.
forward();"/></p>
```

（2）在 EX5-7b.php 页面中，单击"后退"按钮，就能返回 EX5-7a.php 页面。主要代码如下：

```
<p>这是 b 页面</p>
<p><input type="button" name="button" value="后退" onclick="window.history.back
();"/>
</p>
```

5.4.6 实例——使用 JavaScript 脚本验证表单数据

【例 5-8】 将例 5-1 中的 EX5-1a.php、EX5-1b.php 页面分别另存为 EX5-8a.php、EX5-8b.php 页面。

在 EX5-8a.php 页面中，改用 JavaScript 脚本验证用户输入的数据。当单击"提交"按钮后，若用户未输入或输入错误，则出现对话框提示错误信息；否则，会跳转到 EX5-8b.php 页面。

EX5-8a.php 的代码如下：

```
<!DOCTYPE html>
<html>
<head>
    <title>学生个人信息</title>
    <style type="text/css">
      table{
          width:400px;
          margin:0 auto;
          background:#CCFFCC;
      }
      div{
          text-align:center;
      }
    </style>
</head>
<body>
<script language="javascript">
  function check()
```

```
    {
        var xh = /^\d{6}$/;
        if (document.form1.XH.value == "")
         { alert("必须输入学号!"); document.form1.XH.focus(); return false;}
         //在字符串中查找与正则表达式 xh 相匹配的内容,若找到,则返回 true;否则返回 false
        else if (xh.test(document.form1.XH.value) == false)
         { alert("学号必须为 6 位数字!");document.form1.XH.focus(); return false;}

        if (document.form1.XM.value == "")
         { alert("必须输入姓名!");
           document.form1.XM.focus();
           return false;
         }

        if (document.form1.SEX(0).checked == false && document.form1.SEX(1).checked == false)
         { alert("必须选择性别!");
           document.form1.SEX(0).focus();
           return false;
         }

        var cssj = /^\d{4}-(0?\d|1?[012])-(0?\d|[12]\d|3[01])$/;
        if (document.form1.Birthday.value == "")
        { alert("必须输入日期!"); document.form1.Birthday.focus();return false;}
        else if (cssj.test(document.form1.Birthday.value) == false)
        { alert("日期必须为 yyyy-mm-dd!"); document.form1.Birthday.focus();return false;}

        if (document.form1.ZY.value == "")
        { alert("必须选择专业!");
          document.form1.ZY.focus();
          return false;
        }
        if (document.form1.ah1.checked == false && document.form1.ah2.checked == false &&
        document.form1.ah2.checked == false)
        { alert("必须选择兴趣!");
          document.form1.ah1.focus();
          return false;
        }
    }
</script>
<form name = "form1" method = "post" action = "EX5-8b.php" onSubmit = "return check()">
  <table width = "720" border = "1" cellspacing = "0">
      <tr>
          <td height = "25" colspan = "2"><div>学生个人信息</div></td>
      </tr>
      <tr>
          <td width = "180" height = "25" align = "center">学号:</td>
          <td width = "540" height = "25"><input name = "XH" type = "text"> </td>
      </tr>
      <tr>
          <td width = "180" height = "25" align = "center">姓名: </td>
          <td width = "540" height = "25"><input name = "XM" type = "text"> </td>
```

```
        </tr>
        <tr>
            <td width = "180" height = "25" align = "center">性别：</td>
            <td width = "540" height = "25">
                <input name = "SEX" type = "radio" value = "男">男
                <input name = "SEX" type = "radio" value = "女">女   </td>
        </tr>
        <tr>
            <td width = "180" height = "25" align = "center">出生日期：</td>
            <td width = "540" height = "25"><input name = "Birthday" type = "text"> </td>
        </tr>
        <tr>
            <td width = "180" height = "25" align = "center">所学专业：</td>
            <td width = "540" height = "25">
                <select name = "ZY">
                    <option value = "">请选择专业</option>
                    <option value = "计算机科学与技术">计算机科学与技术</option>
                    <option value = "网络工程">网络工程</option>
                    <option value = "软件工程">软件工程</option>
                </select>  
            </td>
        </tr>
        <tr>
            <td width = "180" height = "25" align = "center">备注：</td>
            <td width = "540" height = "25"><textarea name = "BZ"></textarea></td>
        </tr>
        <tr>
            <td width = "180" height = "25" align = "center">兴趣：</td>
            <td width = "540" height = "25">
                <input name = "XQ[ ]" id = "ah1" type = "checkbox" value = "游泳">游泳
                <input name = "XQ[ ]" id = "ah2" type = "checkbox" value = "看电视">看电视
                <input name = "XQ[ ]" id = "ah3" type = "checkbox" value = "上网">上网  
            </td>
        </tr>
        <tr>
            <td height = "25" colspan = "2" align = "center">
                <input type = "submit" name = "BUTTON1" value = "提交">
                <input type = "reset" name = "BUTTON2" value = "重置">
            </td>
        </tr>
    </table>
  </form>
 </body>
</html>
```

EX5-8b.php 的代码如下：

```php
<?php
    $XH = $_REQUEST["XH"];
    $XM = $_REQUEST["XM"];
    $XB = $_REQUEST["SEX"];
```

```
    $CSSJ = $_REQUEST["Birthday"];
    $ZY = $_REQUEST["ZY"];
    $BZ = $_REQUEST["BZ"];
    $XQ = $_REQUEST["XQ"]; //$XQ 是数组
    $XQ1 = implode(",", $XQ); //使用",",将数组中的元素连接成一个字符串
?>
<table width = "400" border = "1" align = "center" cellpadding = "0">
    <tr>
        <td width = "150" height = "30" align = "center">学号</td>
        <td height = "30"><?php echo $XH; ?></td>
    </tr>
    <tr>
        <td width = "150" height = "30" align = "center">姓名</td>
        <td height = "30"><?php echo $XM; ?></td>
    </tr>
    <tr>
        <td width = "150" height = "30" align = "center">性别</td>
        <td height = "30"><?php echo $XB; ?></td>
    </tr>
    <tr>
        <td width = "150" height = "30" align = "center">出生日期</td>
        <td height = "30"><?php echo $CSSJ; ?></td>
    </tr>
    <tr>
        <td width = "150" height = "30" align = "center">所学专业</td>
        <td height = "30"><?php echo $ZY; ?></td>
    </tr>
    <tr>
        <td width = "150" height = "30" align = "center">备注</td>
        <td height = "30">  <?php echo $BZ; ?></td>
    </tr>
    <tr>
        <td width = "150" height = "30" align = "center">兴趣</td>
        <td height = "30"><?php echo $XQ1; ?>
        </td>
    </tr>
</table>
```

注意：在 PHP 中，多个复选框的 name 值要设置相同且必须为数组形式，但 id 值可互不相同。

5.5　会话管理

根据 HTTP 协议的特点，客户端每次与服务器的对话都被当作一个单独的过程。例如，用户使用用户名和密码进入登录页面后，用户名和密码没有被保存，当用户请求访问第二个页面时，该用户的请求将不会被 HTTP 所接受，这时就需要使用会话管理。会话管理的思想就是指在网站中通过一个会话跟踪用户，记录下用户的信息，实现信息在页面间的传递。

5.5.1　会话的工作原理

1. 什么叫会话

用户从打开某个网页开始到关闭该网页，或进入另一个新网页为止的整个过程称为会话。换句话说，用户持续停留在某个网页的过程称为会话。会话也称 Session。

2. 会话的产生

当浏览器连接一个 Web 服务器时，服务器就会为它创建一个 Session，同时自动分配一个 session_id，用以标识浏览器的唯一身份。在客户端，浏览器会将此 session_id 值存入本地的 Cookie 中，如图 5-5 所示。

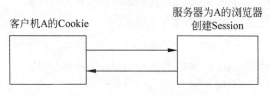

客户机A的Cookie　　　服务器为A的浏览器
创建Session

图 5-5　Session 与 Cookie 的关系

输出 session_id 的语句为"echo session_id();"，该语句前面必须有"session_start();"。

每个浏览器有各自的 Session，用于保存浏览器独享的信息。当浏览器关闭时，Session 就自动消失。

3. Session 的超时期限

Session 的超时期限默认为 24 分钟（见 php.ini 文件，session.gc_maxlifetime = 1440 秒）。如果停留在某个网页的时间超过 24 分钟，则浏览器对应的 Session 会自动消失，此时若再访问新的网页，则服务器将为浏览器创建一个新的 Session。如果停留在每个网页的时间均不超过 24 分钟，则浏览器对应的 Session 始终存在。

当然可以修改 Session 的超时期限，如将超时期限修改为 1 分钟，语句为"session_set_cookie_params(60);"，该语句前面不能有"session_start();"。

5.5.2　实现会话

在 PHP 中实现会话的主要步骤如下。

（1）启动会话。

（2）定义会话变量。

（3）访问会话变量。

（4）删除会话变量。

（5）删除会话。

定义会话变量、访问会话变量、删除会话变量、删除会话之前，都要先启动会话。

1. 启动会话

格式：

```
session_start();
```

功能：首先检查浏览器对应的 session_id 是否存在，如果不存在则创建一个；否则打开该会话空间。

2. 定义会话变量

格式：

```
$_SESSION["变量名"] = 值;
```

功能：在会话空间中定义各个会话变量。会话变量保存在预定义变量 $_SESSION 中，用于保留各个浏览器独享的信息。

3. 访问会话变量

格式：

```
echo $_SESSION["变量名"];
```

说明：若未存在指定的变量名，则 $_SESSION["变量名"]返回 null。

4. 删除会话变量

```
unset( $_SESSION["变量名"]);     //删除指定的会话变量
session_unset();                 //删除所有会话变量,但仍保留会话空间
```

5. 删除会话

格式：

```
session_destroy();
```

功能：删除会话所占空间，即删除 session_id。

例如：

```
<?php
  session_start();
  session_destroy();
?>
```

【例 5-9】　在 EX5-9a.php 网页中，设置 Session 的超时期限为 60 秒，向 Session 空间添加信息，输出 session_id。运行 EX5-9a.php 网页，单击超链接后就能跳转到 EX5-9b.php 网页，要求 EX5-9b.php 网页用于显示 Session 空间的信息和 session_id。

EX5-9a.php 网页的代码如下：

```
<?php
  session_set_cookie_params(60);       //将超时期限修改为 60 秒
  session_start();
  $_SESSION["no"] = 1;
  $_SESSION["name"] = "张三";
  echo "浏览器对应的 session_id 为: ".session_id();
?>
```

EX5-9b.php 网页的代码如下：

```
<?php
  session_start();
  echo "学号: ".@ $_SESSION["no"]."< br >";
```

```
echo "姓名：".@ $_SESSION["name"]."< br >";
echo "浏览器对应的 session_id 为:".session_id();
?>
```

注意：如果停留在 EX5-9a.php 的时间超过 60 秒，就不会显示 Session 空间的信息。

5.5.3 Session 的应用

利用 Session 可以实现密码验证、购物车功能。

【例 5-10】 利用 Session 创建购物车。

（1）创建一个名称为 gwc1.php 的网页，主要代码如下：

```php
<?php
if (isset( $_REQUEST["button"]))
{
    session_start();
    $_SESSION["s1"] = @ $_REQUEST["s1"];
    $_SESSION["s2"] = @ $_REQUEST["s2"];
    $_SESSION["s3"] = @ $_REQUEST["s3"];
}
?>
< form id = "form1" name = "form1" method = "post" action = "">
  <p>肉铺：</p>
  <p>< input name = "C1" type = "checkbox" value = "猪肉" />
    猪肉   
    < input name = "C2" type = "checkbox" value = "牛肉" />
    牛肉   
    < input name = "C3" type = "checkbox" value = "羊肉" />
  羊肉</p>
  <p>< input type = "submit" name = "button" value = "提交" />
    < input type = "button" name = "button2" value = "查看" onclick = "window.
    location.replace('gwc2.php');"/></p>
</form>
```

（2）创建一个名称为 gwc2.php 的网页，主要代码如下：

```php
<p>你选择的结果是：</p>
<?php
session_start();
$str = "";
if (@ $_SESSION["s1"]!= null) $str = $str. $_SESSION["s1"];
if (@ $_SESSION["s2"]!= null) $str = $str.",". $_SESSION["s2"];
if (@ $_SESSION["s3"]!= null) $str = $str.",". $_SESSION["s3"];
echo $str;
?>
```

5.6 项目实训

实训1 使用 PHP 脚本验证表单数据

1. 实训目的

（1）掌握使用 PHP 处理表单数据的程序代码。

（2）使处理表单数据的用户界面更具健壮性。

2. 实训要求

将例 5-1 中的 EX5-1a.php 页面另存为 sx5-1.php，请对其补充完善。当单击"提交"按钮后，若用户未输入或输入错误，则在相应控件的右边显示红色的提示信息。此时，页面仍能显示用户输入内容。

实训 2　使用 JavaScript 脚本验证表单数据

1. 实训目的

（1）学会利用 JavaScript 脚本验证表单数据。

（2）比较 PHP 脚本和 JavaScript 脚本在验证表单数据方面的区别和联系。

2. 实训要求

（1）创建一个名为 sx5-2a.php 的网页，初始界面如图 5-6 所示。

图 5-6　初始界面

（2）使用 JavaScript 脚本，按表 5-1 所示验证用户输入的数据，若验证失败则用对话框显示错误信息。

（3）如果各项填写正确，则单击"提交"按钮后，就能在 sx5-2b.php 页面显示相应信息，运行结果如表 5-2 所示。

表 5-1　验证数据

学生信息	控件名称	要　　　求
学号	sno	学号不能为空
姓名	sname	姓名不能为空
性别	ssex	必须选择性别
年龄	sage	必须输入年龄，年龄必须为 1~2 位整数
系别	sdept	必须选择系别
喜欢城市	city[]	必须选择城市

表 5-2　sx5-2b.php 运行界面

学号	20160101
姓名	张三
性别	男
年龄	20
系别	计算机系
喜欢城市	北京、广州

实训 3　会话超时

1. 实训目的

（1）掌握 Session 的超时期限。

（2）掌握会话变量的定义和访问。

2. 实训要求

创建一个名为 sx5-3.php 的网页，当装载页面时，就能将你的学号、姓名存入 Session 中，并能显示系统的当前时间和 Session 的内容，规定 Session 的超时期限为 1 分钟。经过 1 分钟后，单击"演示"按钮时，页面又能显示什么？运行界面如图 5-7 所示。

当前时间	16:27:10
第1个会话变量的值	1
第2个会话变量的值	张三
演示	

图 5-7　运行界面

3. 实训提示

（1）创建一个表单，并在表单中创建表格和"演示"按钮。

（2）输出系统的当前时间：<? php echo date('H:i:s') ? >。

思考与练习

一、填空题

1. 在同一个表单中，多个复选框成组出现，它们的名称要设置_____且必须为_____形式，如 name="xq[]"，而 $_REQUEST["xq"] 获取的是一个_____（填"value 值"/"数组"）。

2. Session 的超时期限默认为_____分钟，将超时期限修改为 1 分钟的 PHP 语句为_____。

3. Session 中的会话变量，用于保留浏览器_____的信息。

二、简答题

1. 常用的页面跳转方式有哪些？试各举一例。

2. 在 PHP 中实现会话的主要步骤有哪些？

第 6 章

MySQL数据库基础

MySQL 是当前比较流行的中小型数据库管理系统,也是最常用的一种与 PHP 结合应用的数据库管理系统。本章重点介绍 MySQL 数据库以及数据库对象的创建与使用方法。

学习目标

- 学会使用 Navicat_Premium 创建数据库和表。
- 掌握 MySQL 数据库的复制方法。
- 学会使用 Navicat_Premium 编辑 T-SQL 语句。
- 掌握 MySQL 存储过程的创建和调用。
- 掌握 MySQL 触发器的创建和使用。

6.1 MySQL 基础知识

6.1.1 MySQL 简介

MySQL 是一个中小型关系数据库管理系统,开发者为瑞典 MySQL AB 公司。由于其体积小、速度快、总体成本低,尤其是开放源码这一特点,许多中小型网站选择了 MySQL 作为后台数据库系统。

与其他大型数据库相比,MySQL 也有一些不足之处,但是这些丝毫没有减少它受欢迎的程度。对于一般的个人用户和中小型企业来说,MySQL 提供的功能已经绰绰有余,而且由于 MySQL 是开放源码软件,因此可以大大降低总体成本。

MySQL 数据库的特点主要体现在以下七个方面。

(1) 可以处理拥有上千万条记录的大型数据库。

(2) 支持多线程,充分利用 CPU 资源。

（3）使用 C 和 C++语言编写，并使用多种编译器进行测试，保证了源代码的可移植性。

（4）支持绝大多数操作系统，包括 Linux、Windows、FreeBSD、IBM AIX、HP-UX、Mac OS、OpenBSD、Solaris 等。

（5）为多种编程语言提供了 API 函数，包括 C、C++、Eiffel、Java、Perl、PHP、Python、Ruby 和 Tcl 等。

（6）优化的 SQL 查询算法，可有效地提高查询速度。

（7）提供可用于管理、检查、优化数据库操作的管理工具，如 WampServer 自带的 phpMyAdmin、Navicat_Premium。

6.1.2　MySQL 数据对象

数据库可以看作一个存储数据对象的容器，在 MySQL 中，这些数据对象包括以下五种。

1. 表

表是 MySQL 中最主要的数据对象，是用来存储和操作数据的一种逻辑结构。表由行和列组成，因此也称为二维表。

2. 视图

视图是从一个或多个基本表中导出的表，一个视图总对应着一个 select 语句。数据库中只存放视图的定义，而不存放视图对应的数据，这些数据仍存放在导出视图的基本表中，因此视图又称为虚拟表。当基本表中的数据发生变化时，从视图中查询出来的数据也随之改变，对视图的查询、更新，实际上是对基本表的查询、更新。

3. 存储过程

将一组完成特定功能的 SQL 语句，经编译后存储在数据库中，就形成存储过程。用户通过指定存储过程的名字来执行它。存储过程具有输入参数和输出参数，输入参数用于接收外界提供的初值，输出参数用于向外界输出一个或多个结果值。而存储过程内没有 return 语句。存储过程独立于表存在。

4. 函数

函数与存储过程类似，不同的是函数只有输入参数，没有输出参数，函数体内必须有一个 return 语句，用于返回一个结果值。

5. 触发器

触发器是一种特殊类型的存储过程，也是提前编译好的 SQL 语句的集合。存储过程通过存储过程名字被直接调用，而触发器只有对数据表实施插入、修改、删除操作时才被自动调用。触发器基于一个表创建，主要用于维护表的完整性。

6.1.3　MySQL 数据类型

在创建表的列时，必须为其指定数据类型，数据类型决定了数据的取值范围和存储格式。MySQL 提供了丰富的数据类型，如表 6-1 所示。

表 6-1　MySQL 数据类型

类　别	数据类型	所占字节数	取值范围或要求
整型	bigint	8	$-2^{63} \sim 2^{63}-1$
	int	4	$-2^{31} \sim 2^{31}-1$
	smallint	2	$-32768 \sim 32767$
	tinyint	1	$0 \sim 255$
精确数值型	decimal		必须指定小数位数
	numeric		
浮点型	float	4	单精度型,精确到 7 位小数位
	double	8	双精度型,精确到 15 位小数位
位型	bit	1	逻辑型,只能取 0 或 1
字符型	char(n)		定长字符型,长度 n 为 1~255,必须指定长度
	varchar(n)		变长字符型,长度 n 为 1~255,必须指定长度
备注型	tinytext		最大长度为 $255(2^{8}-1)$
	text		最大长度为 $65535(2^{16}-1)$
	mediumtext		最大长度为 $2^{24}-1$
	longtext		最大长度为 $2^{32}-1$
日期时间型	date		格式为：'yyyy-mm-dd'
	time		格式为：'hh:mm:ss'
	datetime		格式为：'yyyy-mm-dd hh:mm:ss'
	year		格式为：'yyyy'

注意：

（1）定义 MySQL 表结构时,无论何种类型,长度都指数据中的字符个数,每个字母、数字和汉字都为 1 个字符。

（2）char(n)：定长字符型,n 为长度,取值为 1~255,默认为 1。当输入字符串长度小于给定长度时,则在串的尾部添加空格补足；当输入字符串长度大于给定长度时,则自动截去尾部多余的字符。

（3）varchar(n)：变长字符型,n 为长度,取值为 1~255,默认为 1。当输入字符串长度小于给定长度时,则以实际字符存储。

6.2　使用 Navicat_Premium 创建和管理数据库

MySQL 数据库常用的管理工具有 Navicat_Premium 和 WampServer 自带的 phpMyAdmin。本书只讨论 Navicat_Premium 的使用。

Navicat_Premium 是一套数据库管理工具,结合了其他 Navicat 成员的功能,支持单一程序同时连接到 MySQL、MariaDB、SQL Server、SQLite、Oracle 和 PostgreSQL 数据库。Navicat_Premium 可满足现今数据库管理系统的使用功能,包括存储过程、事件、触发器、函数、视图等。

6.2.1　数据库的创建和删除

1. 创建 MySQL 数据库

【例 6-1】　使用 Navicat_Premium 创建一个名为 stu 的用户数据库。

（1）打开 Navicat_Premium，单击"连接"按钮，选择 MySQL，打开"新建连接"对话框。输入连接名为 admin，单击"确定"按钮，如图 6-1 所示。

图 6-1　"新建连接"对话框

（2）右击左侧连接树上的 admin，在弹出的快捷菜单中选择"打开连接"。

（3）右击 admin，在弹出的快捷菜单中选择"新建数据库"，打开"新建数据库"对话框，在数据库名中输入 stu。为了使数据表中的汉字不乱码，在新建数据库时，一般将字符集设置为 utf8，排序规则设置为 utf8_general_ci，如图 6-2 所示。

图 6-2　"新建数据库"对话框

（4）右击左侧连接树上的 stu，在弹出的快捷菜单中选择"打开数据库"。

2. 删除 MySQL 数据库

右击左侧连接树上的 stu，在弹出的快捷菜单中选择"删除数据库"，在弹出的"确认删除"对话框中，单击"删除"按钮即可。

6.2.2 创建数据表

【例 6-2】 在 stu 数据库中创建 student 表、course 表和 sc 表，如表 6-2～表 6-4 所示。

表 6-2 student 表

sno	sname	ssex	sage	sdept
95001	李勇	男	20	CS
95002	刘晨	女	19	IS
95003	王名	女	18	MA
95004	张立	男	18	IS

表 6-3 course 表

cno	cname	credit
1	数据库系统原理	4
2	操作系统	3
3	Java 程序设计	3
4	汇编语言	3
5	多媒体技术	2
6	PHP 网络编程	4

表 6-4 sc 表

sno	cno	grade
95001	1	92
95001	2	85
95001	3	88
95002	1	90
95002	3	80

操作步骤如下。

（1）创建 student 表的结构。

① 右击左侧连接树上的 stu 中的"表"，在弹出的快捷菜单中选择"新建表"。在表结构中输入 student 表中各列的列名和类型，如图 6-3 所示。

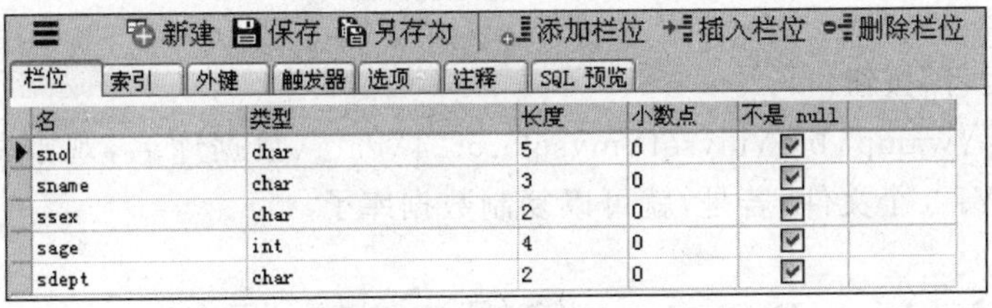

图 6-3 student 表结构

② char、varchar 类型必须由用户指定长度，其他类型的长度可以不指定，由系统自动给出。由于创建数据库时已经把字符集设置为 utf8，排序规则设置为 utf8_general_ci，所以在表结构中，字符型（char、varchar、text）字段的"字符集"自动设置为 utf8，排序规则自动设置为 utf8_general_ci。

③ 单击"保存"按钮，在弹出的对话框中输入表名 student。

注意：MySQL 数据库的表名不能出现汉字，但列名可以包含汉字。

（2）向 student 表输入记录。右击左侧连接树上的 stu→"表"→student，在弹出的快捷菜单中选择"打开表"，就可以向 student 表输入记录。

（3）按照创建 student 表的方法，依次创建 course 表和 sc 表。其中，course 表和 sc 表的结构如图 6-4 和图 6-5 所示。

栏位	索引	外键	触发器	选项	注释
名	类型	长度	小数点	不是 null	
cno	char	2	0	☑	
cname	char	20	0	☑	
credit	int	4	0	☑	

图 6-4　course 表结构

栏位	索引	外键	触发器	选项	注释
名	类型	长度	小数点	不是 null	
sno	char	5	0	☑	
cno	char	2	0	☑	
grade	int	4	0	☑	

图 6-5　sc 表结构

6.2.3　数据库的复制

每个 MySQL 数据库以文件夹形式保存在 C:\wamp\bin\mysql\mysql5.5.24\data 中，内含若干个表文件，每个表文件以"表名"+".frm"命名。

复制数据库的步骤如下。

（1）在 Navicat_Premium 中，打开要复制的数据库。

（2）单击"查询"按钮，单击"新建查询"按钮，打开查询编辑器。

（3）在查询编辑器中，对每个表输入以下语句：

```
alter table 表名 ENGINE = MYISAM ROW_FORMAT = COMPACT;
```

例如，在复制 stu 数据库之前，必须输入以下 3 条语句，如图 6-6 所示。

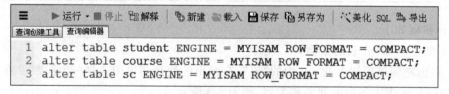

```
1  alter table student ENGINE = MYISAM ROW_FORMAT = COMPACT;
2  alter table course ENGINE = MYISAM ROW_FORMAT = COMPACT;
3  alter table sc ENGINE = MYISAM ROW_FORMAT = COMPACT;
```

图 6-6　查询编辑器

（4）单击"运行"按钮。

（5）进入 C:\wamp\bin\mysql\mysql5.5.24\data\数据库名，观察每个表是否对应 .frm、.MYD、.MYI 3 个文件，若是，就可以复制数据库了。

6.3　使用 Navicat_Premium 编辑 T-SQL 语句

6.3.1　编辑 T-SQL 语句的步骤

编辑 T-SQL 语句的步骤如下。

（1）在 Navicat_Premium 中，打开要访问的数据库。

（2）单击"查询"按钮，单击"新建查询"按钮，打开查询编辑器。

（3）在查询编辑器中，输入 T-SQL 语句，如图 6-7 所示。

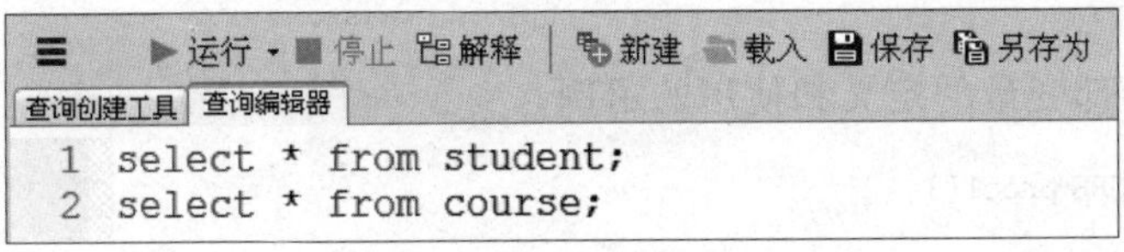

图 6-7　输入 SQL 语句

（4）单击"运行"按钮，就能在结果栏显示执行结果。

6.3.2　使用局部变量

1. 声明局部变量

格式：

declare　变量名　类型

例如：

declare a,b int;

说明：

（1）declare 语句必须放在存储过程或函数中的首部。

（2）在 MySQL 中，被声明的变量或形参不得以@开头，且必须在存储过程或函数中使用。

（3）若要在存储过程或函数外部使用变量，则变量不必声明，但必须以@开头。

（4）在 MySQL 中，每一条 SQL 语句以"；"作为结束标志。

2. 使用 set 为局部变量赋值

格式：

set 变量名 = 表达式[,变量名 = 表达式]

例如：

set a = 50,b = 100;

3. 使用 select into 为局部变量赋值

格式：

select 表达式表 into 变量名表；

例如：

select 50,100 into a,b;

功能：将 50、100 分别赋给 a、b。

4. 输出表达式的值

格式：

select 表达式表；

例如：

```
select a,b;
```

【例 6-3】 局部变量的定义和使用的示例。

```
create PROCEDURE proc1()
begin
    declare a,b INT;
    set a = 50,b = 100;
    select a,b;
end
```

6.3.3 流程控制语句

在 MySQL 中,if 语句、case 表达式、while 语句等流程控制语句必须放在存储过程或函数中。

1. if 语句

格式:

```
if 条件 then
    语句块 1
[else
    语句块 2]
end if
```

【例 6-4】 如果存在姓"刘"的学生,则输出姓"刘"学生的信息;如果不存在,则输出"没有姓刘的学生"。

```
create PROCEDURE proc2()
begin
if exists(select * from student where sname like '刘 % ') then
    select * from student where sname like '刘 % ';
else
    select '没有姓刘的学生';
end if;
end
```

2. case 表达式

格式 1:

```
case
when 条件 1 then 结果 1
when 条件 2 then 结果 2
 ⋮
[else 结果 n]
end
```

格式 2:

```
case 测试表达式
when 常量 1 then 结果 1
when 常量 2 then 结果 2
 ⋮
```

```
[else 结果 n]
end
```

【例 6-5】 查询学生的姓名和所在系别,当系别为 CS 时,显示"计算机科学系";当系别为 IS 时,显示"信息系统系";当系别为 MA 时,显示"数学系"。

```
create PROCEDURE proc3()
begin
select sname,case sdept
  when 'CS' then '计算机科学系'
  when 'IS' then '信息系统系'
  when 'MA' then '数学系'
  end as sdept
from student;
end
```

3. while 语句

格式:

```
while 条件 do
  语句块
end while
```

【例 6-6】 求 100 以内的自然数之和。

```
create PROCEDURE proc4()
begin
declare i,s int;
set i = 1,s = 0;
while i < = 100 DO
  set s = s + i;
  set i = i + 1;
end while;
select '和为:',s;
end
```

注意:每一条 SQL 语句以";"作为结束标志,end、end if、end while 后面也要加分号。

6.4 使用 Navicat_Premium 创建存储过程

在 Navicat_Premium 中创建 MySQL 存储过程有两种方法:一种是使用查询编辑器;另一种是使用函数向导。

6.4.1 使用查询编辑器创建存储过程

1. 使用查询编辑器创建存储过程

格式:

```
create procedure 过程名(in|out 形参名 类型)
```

```
begin
    语句序列
end
```

说明:

(1) in 表示输入参数,用于接收外界提供的初值。

(2) out 表示输出参数,用于向外界输出参数值。out 必须放在 in 的后面。

【例 6-7】 在数据库 stu 中创建一个存储过程 proc5,要求带 2 个输入参数和 1 个输出参数。操作步骤如下。

(1) 打开 stu 数据库,单击"查询"→"新建查询"按钮,打开查询编辑器。

(2) 在查询编辑器中输入:

```
create PROCEDURE proc5(in a int, in b int, out c int)
begin
set c = a + b;
end
```

(3) 单击"运行"按钮。至此,在 stu 中的"函数"下面出现 proc5。

2. 使用查询编辑器调用存储过程

```
call 存储过程名(实参);
```

例如,调用存储过程 proc5 的步骤如下。

(1) 在查询编辑器中输入:

```
call proc5(5,6,@result);
select @result;
```

(2) 单击"运行"按钮。

注意: 输出参数对应的实参必须为局部变量。

【例 6-8】 在数据库 stu 中创建一个带参存储过程 proc6,当输入一个学生姓名时,若该学生存在,则输出该学生的学号、姓名、性别、年龄和系别;若该学生不存在,则输出"查无此学生"。

创建存储过程时,在查询编辑器中输入:

```
create PROCEDURE proc6(in x char(3) character set gbk)
begin
if exists(select * from student where sname = x) then
    select * from student where sname = x;
else
    select '查无此学生';
end if;
end
```

注意: 当形参类型为 char、varchar 时,一般在类型后面加入 character set gbk,以免传递汉字出现乱码。

调用存储过程时,在查询编辑器中输入:

```
call proc6('刘晨');
```

6.4.2　使用函数向导创建存储过程

1. 使用函数向导创建存储过程

【例 6-9】　在数据库 stu 中创建一个存储过程 proc7，功能是从 3 个数中求出最大值，要求带 3 个输入参数。

操作步骤如下。

（1）打开 stu 数据库，单击顶部的"函数"→"新建函数"按钮。

（2）在"函数向导"对话框中，单击"过程"按钮，打开另一个"函数向导"对话框，如图 6-8 所示，在其中输入 3 个参数，如图 6-9 所示。

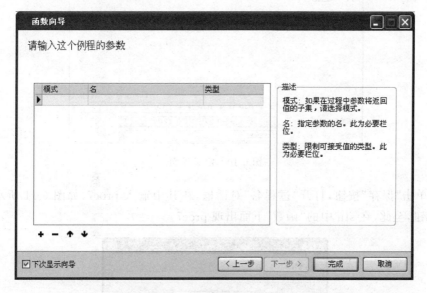

图 6-8　"函数向导"对话框

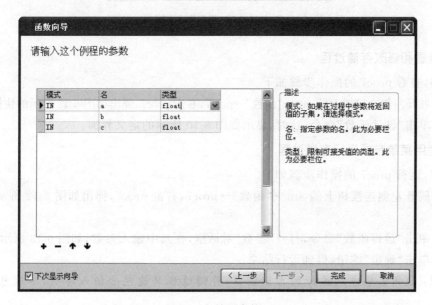

图 6-9　填写参数

（3）单击"完成"按钮，弹出定义界面。在 begin 和 end 之间输入代码，如图 6-10 所示。

图 6-10　定义界面

（4）单击"保存"按钮，打开"过程名"对话框，在其中输入 proc7，如图 6-11 所示。单击"确定"按钮，至此，在 stu 中的"函数"下面出现 proc7。

图 6-11　"过程名"对话框

2. 查看和修改存储过程

例如，查看 proc7 的操作步骤如下。

（1）展开左侧连接树上的 stu→"函数"→proc7，右击 proc7，弹出如图 6-12 所示的快捷菜单。

（2）单击"设计函数"命令，这时，显示如图 6-10 所示的定义界面。

3. 使用菜单方式运行存储过程

例如，运行 proc7 的操作步骤如下。

（1）展开左侧连接树上的 stu→"函数"→proc7，右击 proc7，弹出如图 6-12 所示的快捷菜单。

（2）单击"运行函数"命令，打开"参数"对话框，在其中输入参数，如图 6-13 所示。

（3）单击"确定"按钮，得到运行结果。

注意：使用菜单方式运行的存储过程，存储过程只能包含输入参数，不能包含输出参数。

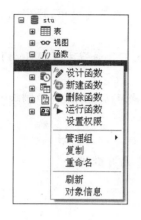

图 6-12　快捷菜单

图 6-13　"参数"对话框

6.5　使用 Navicat_Premium 创建触发器

触发器是一种特殊类型的存储过程,也是提前编译好的 SQL 语句的集合。存储过程通过存储过程名字被直接调用,而触发器只有对数据表实施插入、修改、删除操作时才被自动调用。

6.5.1　触发器的分类

触发器基于一个表创建,主要用于维护表的完整性。触发器可以分为以下两类。

(1) after 触发器:当对表实施插入、删除或修改操作以后,就自动触发 after insert、after delete 或 after update 触发器。一个表只能建立一个 after insert、一个 after delete、一个 after update 触发器。

(2) before 触发器:当对表实施插入、删除或修改操作之前,就自动触发 before insert、before delete 或 before update 触发器。一个表只能建立一个 before insert、一个 before delete、一个 before update 触发器。

6.5.2　创建和使用触发器

1. 使用查询编辑器创建触发器

```
create trigger 触发器名 before|after 触发事件
on 表名 for each row
begin
    SQL 语句序列
End
```

注意:

(1) 触发事件是指 insert、update、delete 中的一个或多个。

(2) 当执行 insert 语句后,就自动触发 after insert 触发器。在触发器中,新记录用 new 表示。

(3) 当执行 delete 语句后,就自动触发 after delete 触发器。在触发器中,被删记录用 old 表示。

（4）当执行 update 语句后，就自动触发 after update 触发器。在触发器中，被删记录用 old 表示，新记录用 new 表示。

（5）在语句序列中，不允许使用 select 语句返回结果集，也不允许使用 COMMIT 和 ROLLBACK 语句。

【例 6-10】 在 student 表中创建一个 after 触发器，要求每次从 student 表中删除一个学生记录时，就自动删除 sc 表中该学生的选课记录。

操作步骤如下。

（1）打开 stu 数据库，单击"查询"→"新建查询"按钮，打开查询编辑器。

（2）在查询编辑器中输入：

```
create trigger trig1 after delete
on student for each row
begin
    delete from sc where sno = old. sno;
End
```

（3）单击"运行"按钮。

2. 查看和修改触发器

例如，查看 student 下的 trig1 触发器的操作步骤如下。

（1）展开左侧连接树上的 stu→"表"→student，右击 student。

（2）从弹出的快捷菜单中选择"设计表"，显示"栏位"选项卡。单击"触发器"选项卡，如图 6-14 所示。

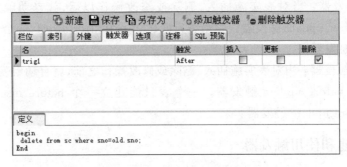

图 6-14 "触发器"选项卡

3. 触发触发器

例如，当删除 student 中学号为 95001 的学生时，将触发 trig1 触发器。其操作步骤如下。

（1）打开 stu 数据库，单击"查询"→"新建查询"按钮，打开查询编辑器。

（2）在查询编辑器中输入：

```
delete from student where sno = '95001';
```

（3）单击"运行"按钮。

4. 删除触发器

例如，删除 student 下的 trig1 触发器的操作步骤如下。

（1）打开如图 6-14 所示的"触发器"选项卡。

（2）选择要删除的触发器 trig1。

（3）单击"删除触发器"按钮。

6.6　项目实训

实训 1　MySQL 数据库和表的创建

1. 实训目的

（1）学会使用 Navicat_Premium 创建数据库和表。

（2）掌握 MySQL 数据库的复制方法。

2. 实训要求

（1）使用 Navicat_Premium 创建一个名为 library 的数据库，并在 library 数据库中创建 book 表、reader 表和 borrow 表，如图 6-15～图 6-17 所示。

书籍ID	书名	出版社	作者姓名	在馆数量
1001	心灵鸡汤	人民出版社	刘墉	5
1002	数字逻辑	教育出版社	罗兰	10
1003	风云对话	文学出版社	李兴	10
1004	人工智能	教育出版社	陈思楷	10
1005	居里夫人	人民出版社	钟耀德	10
1006	科学的故事	光明出版社	姚鑫	5
1007	宋词三百首	教育出版社	陈冬立	5
1008	唐诗三百首	教育出版社	刘凯森	10

图 6-15　book 表

读者ID	读者姓名	联系电话	家庭住址
1	陈里媚	886954	安平路××号
2	张素娇	887541	跃进路××号
3	林毅	896521	玫瑰园×栋×××
4	吴启华	874596	金币花园×栋
5	周慧	875112	昌平街××号
6	方玲	879698	同平路××号

图 6-16　reader 表

借阅编号	书籍ID	读者ID	借书日期	还书日期
3000	1001	2	2016-04-02	2016-05-06
3001	1005	5	2016-04-03	2016-04-25
3002	1005	2	2016-04-03	2016-04-14
3003	1008	1	2016-04-04	2016-05-08
3004	1004	6	2016-04-11	2016-05-02
3005	1007	2	2016-04-12	2016-05-26
3006	1003	3	2016-04-12	2016-05-27

图 6-17　borrow 表

（2）为 library 数据库做好复制前的准备。

实训 2 使用 MySQL 编写 T-SQL 程序

1. 实训目的

（1）学会编辑 T-SQL 语句的操作方法。

（2）掌握局部变量的定义和使用。

（3）掌握 if 语句、case 表达式、while 语句。

2. 实训要求

已知局部变量 a＝12,b＝100,c＝8,在查询编辑器中编写 2 个程序,功能分别如下。

（1）输出 a、b、c 的最大者。

（2）将 a、b、c 的值由小到大排列。

实训 3 MySQL 存储过程的创建和调用

1. 实训目的

（1）掌握 MySQL 存储过程的创建。

（2）掌握 MySQL 存储过程的查看和修改。

（3）掌握 MySQL 存储过程的调用。

2. 实训要求

根据 library 数据库,创建如下存储过程。

（1）创建一个无参存储过程 proc1,功能是返回读者"陈里媚"所购图书的名称、出版社、作者和在馆数量。试运行一次存储过程。

（2）创建一个带参数的存储过程 proc2,要求：当用户输入书籍的 ID 时,就对该书籍的在馆数量进行判断。当在馆数量大于 10 时,显示"库存满"；当在馆数量为 5～10 时显示"充裕"；当在馆数量小于 5 时,显示"库存不足,请尽快补货"。试执行一次存储过程。

实训 4 MySQL 触发器的创建和应用

1. 实训目的

（1）掌握 MySQL 触发器的创建。

（2）掌握 MySQL 触发器的查看和修改。

（3）掌握 MySQL 触发器的触发。

2. 实训要求

在 library 数据库的 book 表中创建一个 after 触发器,要求每当从 book 表中删除一条书籍记录时,就自动删除 borrow 表中该书籍的借阅记录。

思考与练习

一、填空题

1. 存储过程通过_____被直接调用,存储过程_____表存在。而触发器只对数据表实施_____操作时才被自动调用,触发器_____存在。

2.定义 MySQL 表结构时,无论何种类型,长度都指数据中的字符个数,每个字母、数字和汉字分别为_____、_____、_____个字符。

3.当执行 insert 语句后,就自动触发 after insert 触发器。在触发器中,新记录用_____表示。

4.当执行 delete 语句后,就自动触发 after delete 触发器。在触发器中,被删记录用_____表示。

二、简答题

1.MySQL 对 declare 语句的使用场合有什么要求?

2.存储过程的特点有哪些? 如何创建 MySQL 存储过程?

3.当执行 update 语句后,就自动触发哪个触发器? 在触发器中,被删记录用什么表示? 新记录用什么表示?

第7章

PHP访问MySQL数据库

MySQL 是当前比较流行的中小型数据库管理系统,也是最常用的一种与 PHP 结合应用的数据库管理系统。本章将讨论 PHP 访问 MySQL 数据库的流程和方法。

学习目标

- 了解 PHP 访问 MySQL 的基本流程。
- 掌握数据表的增、删、改方法。
- 学会将数据表以表格形式显示在网页的方法。

7.1　PHP 访问 MySQL 的基本流程

PHP 5.3 或以上版本建议使用 MySQLi 函数访问 MySQL 数据库。其中,MySQLi 是 MySQL 的改进版,即 MySQLi＝MySQL Improved。使用 MySQLi 函数访问 MySQL 数据库,必须让 PHP 程序先连接 MySQL 数据库服务器,然后执行 SQL 语句,返回一个布尔值或结果集。其基本流程如图 7-1 所示。

如果发送的是 insert、delete 或 update 等 SQL 语句,MySQL 执行完成并对数据表的记录有所影响,说明执行成功。如果发送的是 select 语句,会返回结果集,还需要对结果集进行处理。处理结果集又包括获取记录数据和获取字段信息,而多数情况下只需要获取记录数据即可。脚本执行结束后还需要关闭本次连接。

7.1.1　连接 MySQL 数据库服务器

在 PHP 中,用于连接数据库服务器的

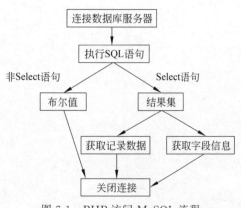

图 7-1　PHP 访问 MySQL 流程

MySQLi 函数是 mysqli_connect()，语法格式如下：

> 连接对象 = mysqli_connect('服务器名','用户名','密码','数据库名')

说明如下。

（1）服务器名：指定要连接的 MySQL 服务器，例如，127.0.0.1、localhost 等。服务器名还可以包括端口号，例如，localhost:3306（其中 3306 为 MySQL 的默认端口号）。

（2）用户名：指定连接所使用的用户名，例如，root。

（3）密码：指定连接所使用的密码，默认为""。

（4）数据库名：指定连接所使用的 MySQL 数据库。

例如：

```
$con = mysqli_connect('localhost','root','', 'stu');
```

【例 7-1】　测试能否连接 MySQL 服务器。

创建 EX7-1.php 网页，输入以下代码。

```php
<?php
$con = mysqli_connect('localhost','root','', 'stu');
if($con) echo "连接成功";
else echo "连接失败";
?>
```

7.1.2　执行 SQL 语句

在 PHP 中，使用 mysqli_query() 函数执行 SQL 语句，语法格式如下：

```
结果集 = mysqli_query(连接对象,"select 语句")
布尔变量 = mysqli_query(连接对象,"非 select 语句")
```

【例 7-2】　编写程序，向 student 表插入一条新记录（95006，李光荣，男，21，CS）。

创建 EX7-2.php 网页，输入以下代码。

```php
<?php
$con = mysqli_connect('localhost','root','','stu');
mysqli_query( $con,"set names utf8");            //设置字符集为 utf8
$sql = "insert into student values('95006','李光荣','男',21,'CS')";
$zt = mysqli_query( $con, $sql);
if ( $zt) echo "插入成功!";
mysqli_close( $con);
?>
```

注意：中文数据在插入时可能出现乱码，解决办法是：首先要保证页面设置的字符集和数据库的字符集一致，要么都是 utf8，要么都是 gb2312。然后，在执行 SQL 语句的前面加入"mysqli_query(连接对象,"set names utf8");"或"mysqli_query(连接对象,"set names gb2312");"。

7.1.3　关闭连接

当一个已经打开的连接不再需要时，可以使用 mysqli_close() 函数将其关闭，语法格式如下：

```
mysqli_close(连接对象)
```

通常不需要使用 mysqli_close（）函数，因为已打开的连接会在脚本执行完毕后自动关闭。

7.2 处理结果集

使用 mysqli_query()函数执行 select 语句后，会返回一个结果集。需要使用特殊函数才能从结果集中获取记录。

7.2.1 从结果集中获取记录

1. mysqli_fetch_row()函数

格式：

```
数组名 = mysqli_fetch_row(结果集)
```

功能：从结果集中逐行获取记录，并将每一行记录存入一维数组中，数组的键名为整数键名。

【例 7-3】 将 student 表以表格形式显示在网页中。

(1) 创建 EX7-3.php 网页，在 Dreamweaver 的设计视图中制作一个 2 行 5 列的表格。

(2) 切换到代码视图，输入 PHP 脚本。整个网页的代码如下：

```php
<?php
$con = mysqli_connect('localhost','root','','stu');
mysqli_query( $con,"set names utf8"); //设置字符集为 utf8
$sql = "select * from student";
$result = mysqli_query( $con, $sql);
?>
< table width = "400" border = "1" align = "center" cellpadding = "0">
  < tr >
    < td height = "30" align = "center">学号</td>
    < td height = "30" align = "center">姓名</td>
    < td height = "30" align = "center">性别</td>
    < td height = "30" align = "center">年龄</td>
    < td height = "30" align = "center">系别</td>
  </tr >
<?php
$row = mysqli_fetch_row( $result);
while( $row)
{
?>
  < tr >
    < td height = "30" align = "center"><?php echo $row[0];?></td>
    < td height = "30" align = "center"><?php echo $row[1];?></td>
    < td height = "30" align = "center"><?php echo $row[2];?></td>
    < td height = "30" align = "center"><?php echo $row[3];?></td>
    < td height = "30" align = "center"><?php echo $row[4];?></td>
```

```
    </tr>
<?php
 $row = mysqli_fetch_row( $result);
 }
 ?>
</table>
```

2. mysqli_fetch_assoc()函数

格式：

数组名 = mysqli_fetch_assoc(结果集)

功能：从结果集中逐行获取记录，并将每一行记录存入一维数组中，数组的键名为字段名或别名。

注意：如果给字段起别名，那么数组的键名必须为别名。

【例 7-4】　将 student 表中第一个学生的学号、姓名输出。

创建 EX7-4.php 网页，输入以下代码：

```
<?php
 $con = mysqli_connect('localhost','root',",'stu');
 mysqli_query( $con,"set names utf8");          //设置字符集为 utf8
 $sql = "select sno as 学号,sname from student";
 $result = mysqli_query( $con, $sql);
 $row = mysqli_fetch_assoc( $result);
 echo $row["学号"];                              //不能写成 $row["sno"]
 echo $row["sname"];
 ?>
```

3. mysqli_fetch_array()函数

格式：

数组名 = mysqli_fetch_array(结果集)

功能：从结果集中逐行获取记录，并将每一行记录存入一维数组中，数组的键名可以是整数和字段名。

4. mysqli_fetch_object()函数

格式：

对象名 = mysqli_fetch_object(结果集)

功能：从结果集中逐行获取记录，并将每一行记录存入对象中。对象的某个字段表示如下：

对象名 ->字段名

【例 7-5】　将 student 表中第一个学生的学号、姓名输出。

创建 EX7-5.php 网页，输入以下代码：

```
<?php
 $con = mysqli_connect('localhost','root',",'stu');
 mysqli_query( $con,"set names utf8");          //设置字符集为 utf8
```

```
$sql = "select sno ,sname from student";
$result = mysqli_query( $con, $sql);
$row = mysqli_fetch_object( $result);
echo $row -> sno;
echo $row -> sname;
?>
```

7.2.2　其他 MySQL 函数

1. mysqli_num_rows()函数

格式：

```
变量名 = mysqli_num_rows( $result)
```

功能：获取结果集 $result 中行的数目。

2. mysqli_num_fields()函数

格式：

```
变量名 = mysqli_num_fields( $result)
```

功能：获取结果集 $result 中字段的数目。

3. mysqli_fetch_field_direct()函数

格式：

```
对象名 = mysqli_fetch_field_direct( $result, $i)
```

功能：从结果集 $result 中取得 $i 列的元数据（meta data），并存入对象中。而对象名 -> name 则表示 $i 列的字段名。例如：

```
$obj = mysqli_fetch_field_direct( $result, $i);
echo $obj -> name;
```

【例 7-6】　创建一个名称为 EX7-6.php 的网页，要求在页面中添加一个下拉框，当用户从下拉框中任选一个数据表时，该数据表就以表格形式显示在网页中。

（1）在 Dreamweaver 的设计视图中制作一个下拉框和一个包含 1 行 1 列的表格。相应 HTML 代码如下：

```
< center >
< form id = "form1" name = "form1" method = "post" action = "">
    < select name = "select">
     < option value = "">请选择一个表</option >
     < option > student </option >
     < option > sc </option >
     < option > course </option >
    </select >
    < input type = "submit" name = "Submit" value = "确定" />
</form >
</center >
< table width = "400" border = "1" align = "center" cellpadding = "0">
```

```
<tr>
  <td>  </td>
</tr>
</table>
```

（2）切换到代码视图，把<table>与</table>之间的代码改写成如下 PHP 脚本。

```php
<?php
if (isset( $_REQUEST["Submit"]))
{
    $bm = $_REQUEST["select"];
    $con = mysqli_connect('localhost','root',",'stu');        //连接服务器
    mysqli_query( $con,"SET NAMES utf8");
    $sql = "select * from $bm";
    $result = mysqli_query( $con, $sql);                      //执行 SQL 语句
    $row = mysqli_fetch_row( $result);
    echo "<table width = '400' border = '1' align = 'center' cellpadding = '0'>";
    echo "<tr>";
    for ( $i = 0; $i < mysqli_num_fields( $result); $i++)
      echo "<td align = 'center'
height = '30'>".mysqli_fetch_field_direct( $result, $i) -> name."</td>";
    echo "</tr>";
    while( $row)
    {
      echo "<tr>";
      for ( $i = 0; $i < mysqli_num_fields( $result); $i++)
      echo "<td align = 'center' height = '30'>". $row[ $i]."</td>";
      echo "</tr>";
      $row = mysqli_fetch_row( $result);
    }
    echo "</table>";
}
?>
```

7.3 结果集的分页

1. 分页显示的原理

所谓分页显示，就是将数据表中的结果集人为地分成一段一段来显示，工作流程如下。

（1）获取结果集的记录总条数 $count。

（2）规定每页要显示的记录条数 $pagesize，算出总页数 $pagecount：

```
if ( $count % $pagesize = = 0) $pagecount = $count/ $pagesize;
else $pagecount = (int)( $count/ $pagesize + 1);
```

（3）规定当前要显示的页数 $currentpage。

首先显示结果集的第 1 页，当用户单击"首页""上一页""下一页""尾页"的超链接时，就显示相应的页数。

```
$page = @ $_REQUEST["page"];
```

```
if ( $page = = null) $currentpage = 1;else $currentpage = intval( $page);
```

（4）显示当前页的所有记录。

2. 实例

【例 7-7】 创建一个名称为 EX7-7.php 的网页，要求分页显示 teacher 表中的记录，设计界面如图 7-2 所示。

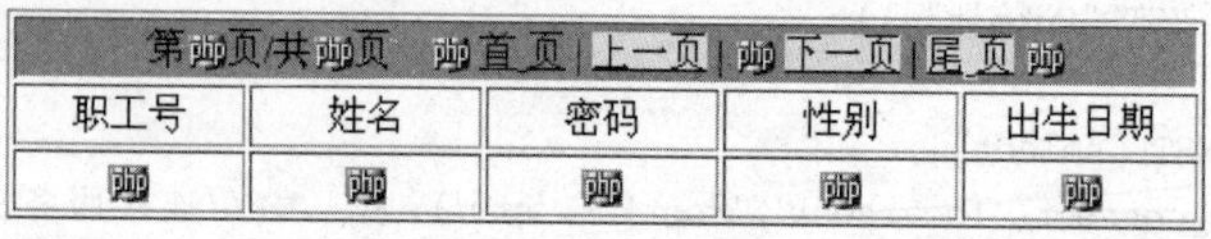

第呷页/共呷页 　呷首页│上一页│呷下一页│尾页呷				
职工号	姓名	密码	性别	出生日期
呷	呷	呷	呷	呷

图 7-2　设计界面

若当前显示第 1 页，则"首页""上一页"不显示超链接；若当前显示最后一页，则"下一页""尾页"不显示超链接；规定每页显示 20 条记录。

程序代码如下：

```php
<?php
$con = mysqli_connect('localhost','root','','stu');
mysqli_query( $con,"set names utf8");                    //设置字符集为 utf8
$sql = "select * from teacher";
$result = mysqli_query( $con, $sql);
$count = mysqli_num_rows( $result);                     //记录总条数 $count
$pagesize = 20;                                         //每页要显示的记录条数 $pagesize
if ( $count % $pagesize = = 0) $pagecount = $count/ $pagesize;
else $pagecount = ( int)( $count/ $pagesize + 1);       //总页数 $pagecount
$row = mysqli_fetch_assoc( $result);                    //数组 $row 的键名为字段名
$page = @ $_REQUEST["page"];                            //想要显示的页数 $page
if ( $page = = null) $currentpage = 1;else $currentpage = intval( $page);
for( $i = 1; $i < = ( $currentpage - 1) * $pagesize; $i++)  //指定每一页面显示 20 条记录
{ if (! $row) break;
    $row = mysqli_fetch_assoc( $result);
}
?>
< table width = "500" border = "1" align = "center" cellpadding = "0">
  < tr >
    < td height = "25" colspan = "5" align = "center" bgcolor = " # 99CCCC">第<? php echo
$currentpage;?>页/共<?php echo $pagecount;?>页</ font >    
  <?php
    if ( $currentpage = = 1) echo "首 页│上一页│";
    else
    {?>
      < a href = "EX7 - 7. php?page = 1">首 页</a > │
      < a href = "EX7 - 7. php?page = <?php echo $currentpage - 1;?>">上一页</a > │
  <?php
    }

    if ( $currentpage = = $pagecount) echo "下一页│尾 页";
    else
    {?>
      < a href = "EX7 - 7. php?page = <?php echo $currentpage + 1;?>">下一页</a > │
      < a href = "EX7 - 7. php?page = <?php echo $pagecount;?>">尾 页</a >
```

```
    <?php
    }
    ?></td>
  </tr>
  <tr>
    <td width = "100" height = "25" align = "center">职工号</td>
    <td width = "100" height = "25" align = "center">姓名</td>
    <td width = "100" height = "25" align = "center">密码</td>
    <td width = "100" height = "25" align = "center">性别</td>
    <td width = "100" height = "25" align = "center">出生日期</td>
  </tr>
  <?php
    for( $i = 1; $i < = $pagesize; $i++)
    { if (! $row) break;
  ?>
  <tr>
    <td width = "100" height = "25" align = "center"> <?php echo $row["职工号"];?> </td>
    <td width = "100" height = "25" align = "center"> <?php echo $row["姓名"];?> </td>
    <td width = "100" height = "25" align = "center"> <?php echo $row["密码"];?> </td>
    <td width = "100" height = "25" align = "center"> <?php echo $row["性别"];?> </td>
    <td width = "100" height = "25" align = "center"> <?php echo $row["出生日期"];?> </td>
  </tr>
  <?php
    $row = mysqli_fetch_assoc( $result);
    }
  ?>
</table>
```

7.4　项目实训

实训1　对数据表进行插入操作

1. 实训目的

（1）掌握使用 PHP 脚本验证表单数据的方法。

（2）掌握向数据表插入记录的方法。

2. 实训要求

在 sx7 目录下创建 sx7-1.php 网页，设计界面如图 7-3 所示，请对 library 库中的 book 表进入操作，要求如下。

（1）使用 PHP 脚本验证用户是否输入数据，对于"书籍 ID""在馆数量"还要验证用户输入的数据是否正确。若"书籍 ID"与 book 表中原有的书籍 ID 相同，则显示"书籍 ID 已经存在，请重输!"的提示信息；若"在馆数量"为非整数，则显示"在馆数量必须为整数"的提示信息。

（2）当用户输入的数据正确并单击"添加"按钮后，就能向 book 表添加一条记录，并弹出"插入成功!"的对话框。

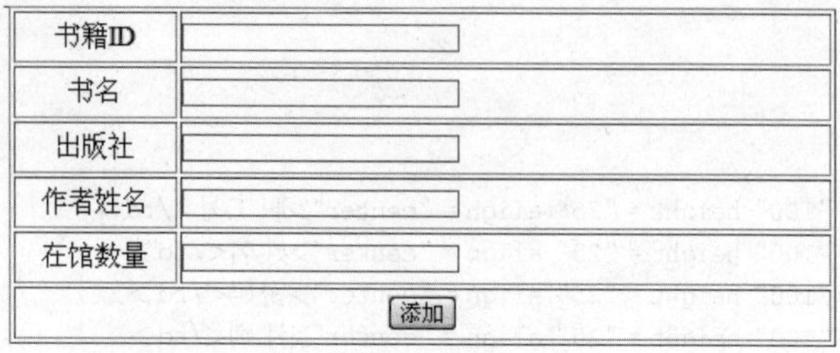

书籍ID	
书名	
出版社	
作者姓名	
在馆数量	

[添加]

图 7-3　实训 1 设计界面

实训 2　将指定的数据表以表格形式显示在网页中

1. 实训目的

（1）学会从结果集中逐行获取记录。

（2）学会在 Html 标记中嵌入 PHP 脚本。

2. 实训要求

在 sx7 目录下创建 sx7-2.php 网页，功能是将 library 数据库中的 book 表以表格形式显示在网页中。

实训 3　将任意一个数据表以表格形式显示在网页中

1. 实训目的

（1）学会从结果集中逐行获取记录。

（2）掌握 mysqli_num_fields()、mysqli_fetch_field_direct()函数的应用。

2. 实训要求

在 sx7 目录下创建 sx7-3.php 网页，要求在页面中添加一个下拉框，内含 3 个选项：book 表、reader 表、borrow 表。当用户从下拉框中任选一个表名，该表就以表格形式显示在网页中。

思考与练习

一、填空题

1. PHP 访问 MySQL 数据表的 3 个基本流程是_____、_____、和_____。

2. Apache 的默认端口号是_____，MySQL 的默认端口号是_____。

3. 语句 $row＝mysqli_fetch_row（$result)的功能是：从结果集 $result 中_____，并将_____存入一维数组 $row 中，$row 的键名为_____键名。

二、简答题

1. 将指定的数据表（假设有 5 列）以表格形式显示到网页中，一般在 Dreamweaver 的设计视图中要先制作一个几行几列的表格？

2. 将任意一个数据表以表格形式显示到网页中，一般在 Dreamweaver 的设计视图中要先制作一个几行几列的表格？

第8章

PHP常用功能模块

PHP 为我们提供了很多功能模块，像目录与文件操作、日期时间、图形处理等。这些最常用的功能已经成为 PHP 基础语言的一部分，在 PHP 项目开发时经常会用到。

 学习目标

- 掌握目录和文件的创建、删除等操作。
- 掌握文件的打开、关闭、写入、读取等操作。
- 掌握日期和时间函数的使用。
- 了解日期的计算和检查。
- 掌握图形的创建和绘制等操作。

8.1 目录与文件操作

一般，程序中的数据只存储在内存中，程序结束时数据会丢失。如果要把一些数据存储起来，就要使用文件。

8.1.1 目录操作

目录可以看作一个文件夹。在网页中，一般用/代表站点所在的目录；./代表当前目录，即当前页面所在的目录；../代表当前目录的上一级目录。例如，在如图 8-1 所示的目录树中，要在 1.php 页面中表示 test 目录的路径为./；表示 aa 目录的路径为../aa；表示 chap08 目录的路径为../../chap08。

1. 创建目录

格式：

```
mkdir("目录路径")
```

功能：创建指定的目录，若创建成功则返回 true；否则返回 false。执行前，若已存在指定的目录，则报错。

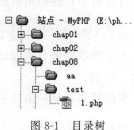

图 8-1　目录树

【例 8-1】 在当前目录中创建 test 目录。

```php
<?php
  if(mkdir("test")) echo "创建成功!";
?>
```

程序说明：首先创建 EX8-1.php 页面,在其中输入上面代码。运行结果是,在 EX8-1.php 页面所在目录之下创建一个新目录 test。

2. 删除空目录

格式：

```
rmdir("目录路径");
```

功能：删除一个空目录,若删除成功则返回 true；否则返回 false。执行前,若不存在指定的目录,则报错。

说明：如果目录不为空,必须先删除目录中的文件才能删除目录。

【例 8-2】 在当前目录中先创建 path 目录,然后删除它。

```php
<?php
  mkdir("path");
  if(rmdir("path")) echo "删除成功!";
?>
```

3. 获取当前工作目录

格式：

```
getcwd()
```

功能：取得当前的工作目录,即正在运行的文件所处的目录。若成功则返回当前的工作目录,失败则返回 false。

【例 8-3】 输出当前目录。

```php
<?php
  echo getcwd();        //返回当前工作目录
?>
```

4. 打开和关闭目录句柄

目录句柄可以看作目录路径的一个别名,使用 opendir()函数可以打开一个目录句柄,若打开成功则返回 true,失败则返回 false。

打开目录句柄的语法格式如下：

```
目录句柄 = opendir("目录路径")
```

为了节省服务器资源,使用完一个已经打开的目录句柄后,应该使用 closedir()函数关闭这个句柄。

关闭目录句柄的语法格式如下：

```
closedir(目录句柄)
```

【例 8-4】 假设 path 为当前目录的上一级目录,打开 path 目录,使用完后关闭。

```php
<?php
    $dir = "../path";
    $dir_handle = opendir( $dir);
    if( $dir_handle) echo "打开目录句柄成功!";
    else echo "打开失败!";
    closedir( $dir_handle);
?>
```

5. 列出指定路径中的文件名和文件夹名

(1) 使用 readdir()函数

格式:

字符串变量 = readdir(目录句柄);

说明:readdir()的参数为一个已打开的目录句柄,每次调用会返回目录中的一个文件名或文件夹名。该函数结合 while 语句可以实现对目录的遍历。

【例 8-5】 在 chap08 中创建一个 EX8-5.php 网页,使用 readdir()函数遍历 MyPHP 站点下的全部文件和文件夹。

```php
<?php
    $dir = "../../MyPHP";
    $dir_handle = opendir( $dir);          //打开目录句柄
    $file = readdir( $dir_handle);         //读取目录中的一个文件名或文件夹名
    while( $file)
    {
        echo $file."<br/>";
        $file = readdir( $dir_handle);
    }
    closedir( $dir_handle);                //关闭目录句柄
?>
```

(2) 使用 scandir()函数

格式:

数组名 = scandir("目录路径");

功能:将指定路径中的所有文件名和文件夹名依次存入一维数组中。

【例 8-6】 在 chap08 中创建一个 EX8-6.php 网页,使用 scandir()函数遍历 MyPHP 站点下的全部文件和文件夹。

```php
<?php
    $dir = "../../MyPHP";
    $file = scandir( $dir);                //$file 为数组名
    foreach( $file as $x)
    {
        echo $x."<br/>";
    }
?>
```

8.1.2　文件的打开与关闭

目录可以进行打开、读取、关闭、删除等操作，文件的操作和目录操作类似，操作文件的一般方法有打开、读取、写入、关闭等。

无论对文件进行什么操作，第一步都是打开文件，最后一步都是关闭文件。

1. 打开文件

格式：

文件句柄 = fopen("文件路径", $mode);

说明：文件路径可以是盘符、协议开头的绝对路径，也可以是相对路径。而文件句柄可以看作文件路径的一个别名。

其中，参数 $mode 表示文件访问模式，取值如表 8-1 所示。

表 8-1　fopen()函数的文件访问模式

$mode	说　　明
'r'	只读方式打开文件，从文件头开始读。如果文件不存在，则报错
'r+'	读写方式打开文件，从文件头开始读写。如果文件不存在，则报错
'w'	只写方式打开文件，将文件指针指向文件头。如果文件不存在，则先创建它
'w+'	读写方式打开文件，将文件指针指向文件头。如果文件不存在，则先创建它
'a'	只写方式打开文件，将文件指针指向文件尾。如果文件不存在，则先创建它
'a+'	读写方式打开文件，将文件指针指向文件尾。如果文件不存在，则先创建它

2. 关闭文件

文件处理完毕后，必须使用 fclose() 函数关闭文件，语法格式如下：

fclose(文件句柄)

【例 8-7】　在 chap08 中创建一个 EX8-7.php 网页，以读写方式打开 EX8-6.php 文件。

```php
<?php
  $handle = fopen("EX8 - 6.php","r + ");
  if( $handle) echo "打开成功";
  else echo "打开文件失败";
  fclose( $handle);
?>
```

8.1.3　文件的写入

文件在写入之前需要用 fopen() 函数打开文件，$mode 可以取"w"、"w+"、"a"、"a+"。这时，如果文件不存在，则该函数先创建文件。

下面是两个创建文件的例子。

```php
<?php
  $handle1 = fopen("C:/wamp/www/p1.php", "w");      //在 C:/wamp/www 目录下创建 p1.php
  $handle2 = fopen("p2.php", "w");                   //在当前目录下创建 p2.php
?>
```

（1）使用 fwrite()函数

文件打开后，向文件中写入内容可以使用 fwrite()函数，语法格式如下：

$n = fwrite(文件句柄,字符串[, $length])

说明：如果字符串中字节数小于 $length，则写入整个字符串后停止写入。如果写入操作成功，fwrite()函数将返回写入的字节数，出现错误时返回 false。

【例 8-8】　使用 fwrite()函数向 p2.php 文件中写入"汕头职业技术学院"。

```php
<?php
  $handle = fopen("p2.php", "w + ");
  $num = fwrite( $handle,"汕头职业技术学院");
  if( $num)
  {
      echo "写入文件成功< br/>";
      echo "写入的字节数为". $num."个";
      fclose( $handle);
  }
  else echo "文件写入失败";
?>
```

假设网页编码方式为 UTF-8，每个汉字占 3 个字节，则运行结果为：

写入文件成功
写入的字节数为 24 个

（2）使用 file_put_contents()函数

该函数的功能与依次调用 $mode 为"w"的 fopen()、fwrite()及 fclose()函数的功能一样，语法格式如下：

$n = file_put_contents("文件路径",字符串/数组名)

说明：如果文件不存在，则先创建它；如果文件已存在，则写入的新数据将覆盖旧数据；写入成功后函数返回写入的字节数，否则返回 false。

【例 8-9】　使用 file_put_contents()函数向 p2.php 文件中写入"汕头职业技术学院"。

```php
<?php
  $num = file_put_contents("p2.php","汕头职业技术学院");
  if( $num)
  {
      echo "写入文件成功< br/>";
      echo "写入的字节数为". $num."个";
  }
  else echo "文件写入失败";
?>
```

8.1.4　文件的读取

文件在读取之前需要用 fopen()函数打开文件，$mode 可以取"r"和"r＋"。这时，如果文件不存在则自动退出。

1. 读取任意长度

格式：

字符串变量 = fread(文件句柄, $length)

功能：从打开的文件中读取 $length 个字节到字符串变量中。若编码方式为 GB2312，每个汉字占 2 个字节；若编码方式为 UTF-8，每个汉字占 3 个字节。

$length 的最大数值为 8192，如果读完 $length 个字节数之前遇到文件结尾标志（EOF），则返回所读取的字符，并停止读取操作。

如果要读取的文件中包含 HTML 标记，这时需要使用 htmlspecialchars()函数，将含有 HTML 标记的字符串编码（如<编为 <，>编为 >），使浏览器能显示 HTML 标记本身。

【例 8-10】 新建 EX8-10.php 网页，将 EX8-9.php 的源代码显示到浏览器中。

```php
<?php
    $handle = fopen("EX8 - 9.php","r");         //打开文件
    $content = "";
    while(!feof( $handle))                        //判断是否到文件末尾
    {
        $data = fread( $handle,8192);             //读取文件
        $content. = $data;
    }
    echo htmlspecialchars( $content);
    fclose( $handle);                             //关闭文件
?>
```

程序说明：上述代码中的 feof()函数用于判断是否到达文件末尾，如果文件指针到达文件末尾，则 feof()返回 true；否则返回 false。feof()函数的语法格式如下：

feof(文件句柄)

2. 读取整个文件

（1）使用 file()函数

格式：

数组名 = file("文件路径")

功能：将整个文件内容读取到一维数组中，文件中的一行读取到数组的一个元素中。用于将一个网页的源代码原样显示到浏览器中。

【例 8-11】 新建 EX8-11.php 网页，将 EX8-9.php 的源代码原样显示到浏览器中。

```php
<?php
    $line = file("EX8 - 9.php");
    foreach( $line as $x)
    {
        echo htmlspecialchars( $x)."< br >";
    }
?>
```

（2）使用 readfile()函数

格式：

```
整型变量 = readfile("文件路径")
```

功能：将整个文件内容读取到浏览器中，并返回读取的字节数。

注意：readfile()函数所读取的文件一般为文本文件(txt)，不能是网页文件。

（3）使用 file_get_contents()函数

格式：

```
字符串变量 = file_get_contents("文件路径")
```

功能：将整个文件内容读取到字符串变量中。功能与依次调用 fopen()、fread()及 fclose()函数的功能一样。

【例 8-12】　新建 EX8-12.php 网页，将 EX8-9.php 的源代码显示到浏览器中。

```php
<?php
  $content = file_get_contents("EX8 - 9.php");
  echo htmlspecialchars( $content);
?>
```

3. 读取 1 行数据

（1）使用 fgets()函数

格式：

```
字符串变量 = fgets(文件句柄)
```

功能：从打开的文件中读取 1 行文本，并放到变量中。用于将一个网页的源代码原样显示到浏览器中。

【例 8-13】　新建 EX8-13.php 网页，将 EX8-9.php 的源代码原样显示到浏览器中。

```php
<?php
  $handle = fopen("EX8 - 9.php","r");            //打开文件
  $content = "";
  while(!feof( $handle))
  {
      $data = fgets( $handle);                    //读取文件
      echo htmlspecialchars( $data)."< br>";
  }
  fclose( $handle);                              //关闭文件
?>
```

（2）使用 fgetss()函数

格式：

```
字符串变量 = fgetss(文件句柄)
```

功能：从打开的文件中读取 1 行文本，去掉其中的 HTML 标记和 PHP 脚本后，再放到变量中。

假设当前目录下的 1.txt 第 1 行内容为php，显示内容时不显示 php 的加

黑效果可以使用以下代码。

```php
<?php
  $handle = fopen("1.txt","r");
  $one = fgetss( $handle);
  echo $one;
  fclose( $handle);
?>
```

8.1.5　文件的上传与下载

所谓文件上传，就是将客户端的文件传送到服务器的指定路径中。所谓文件下载，就是将服务器中指定路径的文件传送到客户端。

1. 文件上传

在 PHP 中实现文件的上传，首先使用文件域控件获取客户端的文件，然后使用 move_uploaded_file()函数将客户端的文件上传到服务器。

（1）使用文件域控件获取客户端的文件

当文件域控件获取客户端的文件后，需要使用预定义变量 $_FILES 提取文件的详细信息。$_FILES 是一个二维数组，它包含如下元素。

- $_FILES['文件域名']['name']：客户端上传的文件名。
- $_FILES['文件域名']['type']：上传文件的类型，需要浏览器提供该信息的支持。常用的值有 text/plain 表示普通文本文件；image/gif 表示 GIF 图片；image/jpeg 表示 JPEG 图片；application/msword 表示 Word 文件；application/vnd.ms-excel 表示 Excel 文件；text/html 表示 HTML 格式的文件；application/pdf 表示 PDF 格式文件；audio/mpeg 表示 MP3 格式的音频文件；application/x-zip-compressed 表示 ZIP 格式的压缩文件；application/octet-stream 表示二进制流文件，如 EXE 文件、RAR 文件、视频文件等。
- $_FILES['文件域名']['tmp_name']：文件上传到服务器后生成的临时文件路径，即 C:\wamp\tmp\phpXX.tmp(其中 XX 是可变的)。
- $_FILES['文件域名']['size']：上传文件的大小，单位为字节。
- $_FILES['文件域名']['error']：错误信息代码。值为 0 表示没有错误发生，文件上传成功；值为 1 表示上传的文件超过了 php.ini 文件中 upload_max_filesize 选项限制的值（默认为 2M）；值为 2 表示上传文件的大小超过了 HTML 表单中规定的最大值；值为 3 表示文件只有部分被上传；值为 4 表示没有文件被上传；值为 5 表示上传文件大小为 0。

（2）使用 move_uploaded_file()函数将客户端的文件上传到服务器

格式：

```
move_uploaded_file("文件上传后的临时文件路径","目标文件路径")
```

功能：将文件上传到服务器后，首先以临时文件名存储，再将临时文件移动到目标位置并更名。如果目标文件已经存在，则旧文件会被新文件覆盖。如果上传文件不合法或文件无法移动，则函数不会进行任何操作并返回 false。

【例 8-14】　在 chap08 目录下新建 EX8-14.php 网页,将客户端上传的文件存放到 chap08\upload 目录下,并输出上传文件的名称、类型、大小。

代码如下:

```php
<?php
  if(isset( $_POST['up']))
  {
      $filename = $_FILES['myFile']['name'];            //客户端上传的文件名
      $filename = iconv("UTF - 8","GB2312", $filename);   //对中文文件名进行编码
      $tmp_filename = $_FILES['myFile']['tmp_name'];
      //文件上传到服务器后生成的临时文件路径
      if(move_uploaded_file( $tmp_filename, "upload/ $filename"))
      //实现上传,将临时文件移动到目标位置并更名
      {
          echo "文件名称: ". $_FILES ['myFile']['name']."< br>";
          echo "文件类型: ". $_FILES ['myFile']['type']."< br>";
          echo "文件大小: ". ( $_FILES['myFile']['size']/1024)."KB";
      }
  }
?>
```

注意: 实现文件上传必须满足 3 个条件:①表单必须使用 post 方法提交;②<form> 标记必须加入 enctype="multipart/form-data";③表单中要含有一个文件域控件。

2. 文件下载

在 PHP 中实现文件的下载,有下列两种方法。

(1) 使用文件超链接

文件超链接的 HTML 标记为 <a href="文件名">文本或图像</a>,当超链接的目标文件为文本文件(.txt)、图像文件(.jpg、.gif)和网页文件(.asp、.aspx、.jsp、.php、.htm)以外的文件时,就成为"文件下载"。优点是可下载任意类型的文件,缺点是直接暴露目标文件所在路径,可能会有安全隐患。

(2) 使用 header()和 readfile()函数

header()函数的作用是向浏览器发送正确的 HTTP 报头,报头指定了网页内容的类型、页面的属性等信息。header()函数的功能很多,这里只列出以下几点。

① 页面跳转。如果 header()函数的参数为 Location:xxx,页面就会自动跳转到 xxx 指向的 URL 地址。例如,header("Location: http://www.baidu.com")。

② 指定网页内容。例如,同样的一个 XML 格式的文件,如果 header()函数的参数指定为 Content-type:application/xml,浏览器会将其按照 XML 文件格式来解析。如果是 Content-type:text/xml,浏览器就会将其看作文本解析。

③ 文件下载。header()函数结合 readfile()函数可以下载将要浏览的文件。优点是不会暴露目标文件所在的路径,缺点是只能下载文本文件(.txt)、图像文件(.jpg、.gif)和网页文件(.asp、.aspx、.jsp、.php、.htm)。

【例 8-15】　在 chap08 目录下新建 EX8-15.php 网页,将 chap08\download 目录下的 1.txt 下载到客户端。

代码如下：

```php
<?php
  $name = "download/1.txt";
  header("Content - Disposition:attachment;filename = 1.txt");      //设置下载文件的文件名
  readfile( $name);                                                  //读取文件
?>
```

8.1.6　其他常用文件函数

1. 计算文件大小

格式：

```php
filesize("文件路径")
```

功能：计算文件的大小，以字节为单位。
例如：

```php
<?php echo filesize("download/1.txt"); ?>
```

2. 判断文件是否存在

格式：

```php
file_exists("文件路径/目录路径")
```

功能：检查文件或目录是否存在，如果存在则返回 true；否则返回 false。
例如：

```php
<?php
  if(file_exists("download/1.txt")) echo "文件存在";
  else echo "该文件不存在";
?>
```

PHP 还提供一些函数，用于判断给定路径是目录路径还是文件路径。例如，is_dir("路径")用于判断给定路径是否是目录，is_file("路径")用于判断给定路径是否是文件。

3. 删除文件

格式：

```php
unlink("文件路径")
```

功能：删除指定的文件，如果删除成功则返回 true；否则返回 false。

【例 8-16】　写一个函数，用于删除任一个非空目录。

```php
<?php
  function del_dir( $dir)                    //删除非空目录
  {
      $handle = opendir( $dir);              //打开目录句柄
      $file = readdir( $handle);             //读取目录中的一个文件名或文件夹名
      while( $file)
```

```
        {
            if ( $file!= '.' && $file!= '..')
            {
                $dirname = $dir.'/'. $file;
                if (is_file( $dirname)) unlink( $dirname);        //若是文件,就直接删除
                else del_dir( $dirname);
            }
            $file = readdir( $handle);                //读取目录中下一个文件名或文件夹名
        }
        closedir( $handle);                          //关闭目录句柄
        return(rmdir( $dir));                        //删除空目录,若删除成功则返回 true
    }
?>
```

4. 复制文件

格式：

```
copy("源文件路径","目的文件路径")
```

功能：将一个文件从原位置复制到新位置。目的文件可以与源文件同名,也可以重新命名。如果复制成功则返回 true；否则返回 false。如果目的文件已经存在,则将被覆盖。

【例 8-17】　在 chap08 目录下新建 EX8-17.php 网页,将 chap08/download/1.txt 复制到 chap08 目录下,文件名不变。

```php
<?php
    $source = "download/1.txt";
    $target = "1.txt";
    if(copy( $source, $target)) echo "复制成功!";
?>
```

5. 移动文件

格式：

```
rename("源文件路径","目的文件路径")
```

功能：将一个文件从原位置移动到新位置,可以保持原名,也可以改名。

例如：

```php
<?php
    $source = "download/1.txt";
    $target = "1.txt";
    if(rename ( $source, $target)) echo "移动成功!";
?>
```

6. 文件指针操作

rewind(文件句柄)：重置文件指针的位置,使指针返回到文件头。

ftell(文件句柄)：报告文件指针的位置。

fseek(文件句柄,n)：将文件指针移动到第 n 个字节。

【例 8-18】 文件指针操作示例。

```php
<?php
    $file = "C:/wamp/www/index.php";
    $handle = fopen( $file, "r");
    echo "当前指针为: ".ftell( $handle). "< br/>";
    fseek( $handle,100);
    echo "当前指针为: ".ftell( $handle). "< br/>";
    rewind( $handle);
    echo "当前指针为: ".ftell( $handle). "< br/>";
?>
```

8.1.7 实例——投票统计

【例 8-19】 使用之前学过的文件操作方法,编写一个计算投票数量的程序。
新建一个 EX8-19.php 网页,输入以下代码。

```html
<! DOCTYPE html >
<! -- HTML5 表单 -->
< style type = "text/css">
    div{
        font - size:18px;
        color:#0000FF;
    }
    li{
        font - size:24px;
        color: #FF0000;
    }
</style>
< form enctype = "multipart/form - data" action = "" method = "post">
    < table >
        < tr >
            < td bgcolor = "#CCCCCC">
                <div>当前最流行的 Web 开发语言: </div>
            </td>
        </tr>
        < tr >
            < td >< input type = "radio" name = "vote" value = "PHP"> PHP </td >
        </tr>
        < tr >
            < td >< input type = "radio" name = "vote" value = "ASP"> ASP </td >
        </tr>
        < tr >
            < td >< input type = "radio" name = "vote" value = "JSP"> JSP </td >
        </tr>
        < tr >
            < td >< input type = "submit" name = "sub" value = "请投票"></td >
        </tr>
    </table>
```

```php
</form>
<?php
    $votefile = "EX8 - 19 - vote.txt";                      //用于计数的文本文件 $votefile
    if(!file_exists( $votefile))                            //判断文件是否存在
    {
        $handle = fopen( $votefile,"w + ");                 //不存在则创建该文件
        fwrite( $handle,"0|0|0");                           //将文件内容初始化
        fclose( $handle);
    }
    if(isset( $_POST['sub']))
    {
        if(isset( $_POST['vote']))                          //判断用户是否投票
        {
            $vote = $_POST['vote'];                         //接收投票值
            $handle = fopen( $votefile,"r + ");
            $votestr = fread( $handle,filesize( $votefile));
            //读取文件内容到字符串 $votestr
            fclose( $handle);
            $votearray = explode("|", $votestr); //将 $votestr 根据"|"分割
            echo "< h3 >投票完毕!</h3 >";
            if( $vote == 'PHP')
                $votearray[0]++;                            //如果选择 PHP,则数组第 1 个值加 1
            echo "目前 PHP 的票数为: < li >". $votearray[0]."</li ><br/>";
            if( $vote == 'ASP')
                $votearray[1]++;                            //如果选择 ASP,则数组第 2 个值加 1
            echo "目前 ASP 的票数为: < li >". $votearray[1]."</li ><br/>";
            if( $vote == 'JSP')
                $votearray[2]++;                            //如果选择 JSP,则数组第 3 个值加 1
            echo "目前 JSP 的票数为: < li >". $votearray[2]."</li ><br/>";
            //计算总票数
            $sum = $votearray[0] + $votearray[1] + $votearray[2];
            echo "总票数为: < li >". $sum."</li ><br/>";
            $votestr2 = implode("|", $votearray);
            //将投票后的新数组用"|"连接成字符串 $votestr2
            $handle = fopen( $votefile,"w + ");
            fwrite( $handle, $votestr2);                    //将新字符串写入文件 $votefile
            fclose( $handle);
        }
        else
        {
        echo "< script >alert('未选择投票选项!')</script >";
        }
    }
?>
```

保存后运行该文件,选择单选按钮进行投票,运行结果如图 8-2 所示。

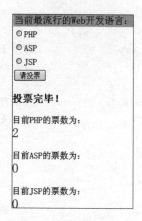

图 8-2　投票统计结果

8.2　日期和时间

在操作数据库时，经常需要处理一些日期和时间类型数据。

8.2.1　UNIX 时间戳

在当前大多数的 UNIX 系统中，表示当前日期和时间的方法是：采用格林尼治时区，从 1970 年 1 月 1 日零点起到当前时刻的秒数。从 1970 年 1 月 1 日零时起到某一具体时间的秒数，称为该时间的 UNIX 时间戳，简称时间戳，它是一个长整数。Windows 系统也可以使用时间戳，但如果时间是在 1970 年以前或 2038 年以后，处理时可能会出现问题。

PHP 在处理有些数据，特别是对数据库中时间类型的数据进行格式化时，经常需要先将时间类型的数据转化为 UNIX 时间戳，再进行处理。另外，不同的数据库系统对时间类型的数据不能兼容转换，这时就需要将时间转化为 UNIX 时间戳，再对时间戳进行操作，这样就实现了不同数据库系统的跨平台性。

8.2.2　时间转化为时间戳

格式 1：

```
strtotime('Y-m-d H:i:s')
```

格式 2：

```
mktime(H,i,s,m,d,Y)
```

功能：将日期和时间转化为时间戳。

例如：

```php
<?php
  echo strtotime('2016-11-18 21:44:00').'<br>';      //输出：1479476640
  echo mktime(21,44,0,11,18,2016);                    //输出：1479476640
?>
```

特别地，下面 3 条语句都可以获取系统当前的时间戳。

```php
<?php
    echo strtotime(date('Y-m-d H:i:s')).'<br>';
    echo mktime();
    echo time();
?>
```

8.2.3　获取日期和时间

1. date()函数

格式：

date(格式串[,时间戳])

功能：将时间戳按照给定的格式转化为具体的日期和时间,若省略时间戳,则默认为 time()。其中,格式串是由普通字符、特殊字符组成的字符串。

例如：

```php
<?php
    echo date('Y-m-d H:i:s l',time())."<br>";                    //获取系统当前的日期、时间、星期几
    echo date('Y-m-d H:i:s l')."<br>";                           //获取系统当前的日期、时间、星期几
    echo date('Y-m-d',strtotime('2016-11-18 21:44:00'))."<br>";  //固定时间的日期部分
    echo date('Y-m-d',strtotime('2016-11-18 21:44:00'));         //固定时间的时间部分
?>
```

date()函数支持的特殊字符如表 8-2 所示。

表 8-2　date()函数支持的特殊字符

字　　符	说　　明	返回值例子
天		
d	月份中的第几天,有前导零的 2 位数字	01～31
D	星期中的第几天,用 3 个字母表示	Mon～Sun
j	月份中的第几天,没有前导零	1～31
l(L 的小写)	星期几,完整的文本格式	Sunday～Saturday
N	ISO 8601 格式数字表示的星期中的第几天	1(星期一)～7(星期天)
S	每月天数后面的英文后缀,用 2 个字符表示	st、nd、rd 或者 th。可以和 j 一起用
w	星期中的第几天,数字表示	0(星期天)～6(星期六)
z	年份中的第几天	0～365
星　　期		
W	ISO 8601 格式年份中的第几周,每周从星期一开始	42(当年的第 42 周)
月		
F	月份,完整的文本格式,例如 January 或者 March	January～December
m	数字表示的月份,有前导零	01～12
M	3 个字母缩写表示的月份	Jan～Dec
n	数字表示的月份,没有前导零	1～12
t	给定月份所应有的天数	28～31

续表

字　　符	说　　明	返回值例子
年		
L	是否为闰年	如果是闰年则为1；否则为0
o	ISO 8601 格式年份数字。这和 Y 的值相同，只是如果 ISO 的星期数（W）属于前一年或下一年，则用那一年	例如，1999 或 2003
Y	4 位数字完整表示的年份	例如，1999 或 2003
y	2 位数字表示的年份	例如，99 或 03
时　　间		
a	小写的上午和下午值	am 或 pm
A	大写的上午和下午值	AM 或 PM
B	Swatch Internet 标准时	000～999
g	小时，12 小时格式，没有前导零	1～12
G	小时，24 小时格式，没有前导零	0～23
h	小时，12 小时格式，有前导零	01～12
H	小时，24 小时格式，有前导零	00～23
i	分钟数，有前导零	00～59
s	秒数，有前导零	00～59
时　　区		
e	时区标识	例如，UTC（世界统一时区）、GMT（格林尼治时区）、PRC（北京时区）
I	是否为夏令时	如果是夏令时则为1，否则为 0
O	与格林尼治时间相差的小时数	例如，+0200
P	与格林尼治时间（GMT）的差别，小时和分钟之间用冒号分隔	例如，+08:00

注意：在 PHP 中，使用 date('Y-m-d H:i:s') 获取的时间与系统时间相差 8 小时。若希望两者相同，有如下两种解决办法。

（1）打开 php.ini 文件，将其中的 date.timezone = UTC 改成 date.timezone = PRC，并重新启动 Apahce 服务器。

（2）在 PHP 脚本中，将默认时区设置为北京时区，即：

```
date_default_timezone_set('PRC');
```

2. getdate() 函数

格式：

```
数组名 = getdate([,时间戳])
```

功能：将时间戳转化为日期和时间信息，并存入数组中。若省略时间戳，则默认为 time()。

注意：getdate() 函数生成的数组的键名和值如表 8-3 所示。

例如：

```php
<?php
  $array1 = getdate();
  $array2 = getdate(strtotime('2016 - 09 - 26'));
  print_r( $array1);
  print_r( $array2);
?>
```

表 8-3　getdate()函数生成的数组的键名和值

键　　名	说　　明	值 的 例 子
seconds	秒的数字表示	0～59
minutes	分钟的数字表示	0～59
hours	小时的数字表示	0～23
mday	月份中第几天的数字表示	1～31
wday	星期中第几天的数字表示	0(表示星期天)～6(表示星期六)
mon	月份的数字表示	1～12
year	4 位数字表示的完整年份	例如,1999 或 2003
yday	一年中第几天的数字表示	0～365
weekday	星期几的完整文本表示	Sunday～Saturday
month	月份的完整文本表示	January～December

8.2.4　其他日期和时间函数

1. 检查日期

checkdate()函数用于检查一个日期数据是否有效,语法格式如下：

```
bool checkdate( int $month, int $day, int $year)
```

注意：$year 的值是 1～32767,$month 的值 1～12,$day 的值在给定的 $month 值所具有的天数范围内,其中闰年的情况也考虑在内。

例如：

```php
<?php
  var_dump(checkdate(12,31,2000));
  var_dump(checkdate(2,29,2001));
?>
```

2. 设置时区

PHP 提供了可以修改时区的函数 date_default_timezone_set(),语法格式如下：

```
bool date_default_timezone_set (string $timezone_identifier)
```

系统默认的是格林尼治标准时间,所以显示当前时间时可能与本地时间会有差别。参数 $timezone_identifier 为要指定的时区,中国内地可用的值是 Asia/Chongqing,Asia/Shanghai,Asia/Urumqi(依次为重庆、上海、乌鲁木齐)。北京时间可以使用 PRC。

例如：

```php
<?php
    date_default_timezone_set('PRC');
    echo date("h:i:s",time());
?>
```

8.2.5 实例——生成日历

【例 8-20】 输出某个月的日历，要求年份和月份可以进行选择。

新建一个 EX8-20.php 网页，输入以下代码。

```php
<?php
    $year = @ $_GET['year'];
    $month = @ $_GET['month'];
    if(empty($year))
        $year = date("Y");
    if(empty($month))
        $month = date("n");
    $day = date("j");
    $wd_ar = array("日","一","二","三","四","五","六");
    $wd = date("w",mktime(0,0,0,$month,1,$year));

    $y_lnk1 = $year <= 1970? $year = 1970: $year - 1;
    $y_lnk2 = $year >= 2037? $year = 2037: $year + 1;

    $m_lnk1 = $month <= 1? $month = 1: $month - 1;
    $m_lnk2 = $month >= 12? $month = 12: $month + 1;
    echo "<table cellpadding = 6 cellspacing = 0 width = 200 bgcolor = #eeeeee><tr align =
    center bgcolor = #cccccc>";
    echo "<td colspan = 4><a href = 'SL8_2_8.php?year = $y_lnk1&month = $month'>
            <</a>". $year. "年<a href = 'SL8_2_8.php?year = $y_lnk2&month = $month'>></a>
            </td>";
    echo "<td colspan = 3><a href = 'SL8_2_8.php?year = $year&month = $m_lnk1'>
            <</a>". $month. "月<a href = 'SL8_2_8.php?year = $year&month = $m_lnk2'>></a>
            </td></tr>";
    echo "<tr align = center>";
    for($i = 0; $i < 7; $i++)
    {
        echo "<td>$wd_ar[$i]</td>";
    }
    echo "</tr>";
    $tnum = $wd + date("t",mktime(0,0,0,$month,1,$year));
    for($i = 0; $i < $tnum; $i++)
    {
        $date = $i + 1 - $wd;
        if($i % 7 == 0) echo "<tr align = center>";
        echo "<td>";
        if($i >= $wd)
        {
            if($date == $day&& $month == date("n"))
```

```
                echo "<b>". $day."</b>";
            else
                echo $date;
        }
        echo "</td> ";
        if( $i % 7 == 6)
            echo "</tr> ";
    }
    echo "</table>";
?>
```

运行结果如图 8-3 所示。

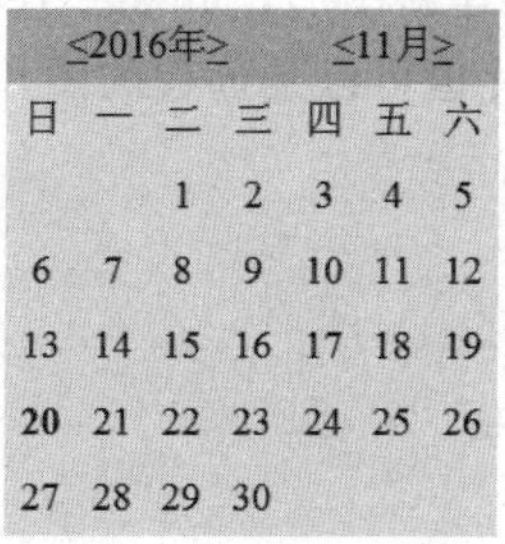

<2016年>			<11月>			
日	一	二	三	四	五	六
		1	2	3	4	5
6	7	8	9	10	11	12
13	14	15	16	17	18	19
20	21	22	23	24	25	26
27	28	29	30			

图 8-3 显示日历

8.3 图形处理

PHP 不仅可以进行文本处理，还可以进行图像处理。在生成校验码、绘制动态图表、给图片添加水印等方面都需要用到图像处理技术。虽然 PHP 中有一些简单的图形、图像处理函数可以直接使用，但是绝大多数要处理的图像都要通过 GD 库来处理。

8.3.1 安装 PHP 图像库

在 PHP 中有的图形函数可以直接使用，但大多数函数需要安装 GD 2 函数库后才能使用。有关 GD 2 的详细信息，读者可以自行参考相关资料。在 Windows 平台下，安装 GD 2 库很简单，PHP 5 中自带了 GD 2 库扩展(就是 PHP 的 ext 目录中的 php_gd2.dll 文件)，一般在安装 WampServer 时已经安装了所有的扩展库，包括 GD 库。

8.3.2 创建图形

创建图形步骤如下。

1. 创建背景图形

创建背景可以使用 imagecreate()和 imagecreatetruecolor()函数，这两个函数都可以创建一个空白的图形，并返回一个图像标识符(也可以称为句柄)，供其他函数使用。

语法格式如下：

```
resource imagecreate(int $x_size, int $y_size)
resource imagecreatetruecolor(int $x_size, int $y_size)
```

注意：x_size 是背景的宽度，y_size 是背景的高度，imagecreate()函数用于建立一个基于调色板的图形，创建后可改变背景颜色。imagecreatetruecolor()函数用于创建一个真彩色图形，背景颜色默认为黑色。如果图形创建成功，函数将返回一个句柄；如果失败，并不会像其他函数一样返回 false，这时可以使用 die()函数来捕获错误信息。例如：

```php
$image = imagecreate(200,200) or die("创建图形失败!");
```

2. 使用已有图片创建新图形

除了可以创建空白的背景图形外，还可以将已有的图片作为背景图形来创建新的图形。如 imagecreatefromgif()函数可以根据已有的 GIF 图片创建新图形，imagecreatefromjpeg()函数可以根据已有的 JPEG 图片创建新图形，$imagecreatefrompng()函数可以根据已有的 PNG 图片创建新图形。已有的图片也可以是远程的图片文件。例如：

```php
<?php
  $imfile = "images/piaoluo.gif";
  $image = imagecreatefromgif( $imfile);
  header("Content - type:image/gif");
  imagegif( $image);
?>
```

3. 选择颜色

在处理图形的操作中，经常需要为图形的某些部分分配颜色，这时颜色值的选择就需要使用 imagecolorallocate()函数来完成。语法格式如下：

```
int imagecolorallocate ( resource $image, int $red, int $green, int $blue )
```

注意：$red、$green 和 $blue 分别是所需颜色的红、绿、蓝成分。这些参数是 $0\sim255$ 的整数或者十六进制数 $0x00\sim0xFF$。函数必须调用 imagecolorallocate()以创建每一种用在 $image 所代表的图形中的颜色。例如：

```php
<?php
  $im = imagecreate(200,200);                        //新建背景图形
  $background = imagecolorallocate( $im,255,0,0);     //背景设为红色
  //设定一些颜色
  $white = imagecolorallocate( $im,255,255,255);      //白色
  $black = imagecolorallocate( $im,0,0,0);            //黑色
?>
```

程序说明：第一次调用 imagecolorallocate()函数时会给基于调色板的图形填充背景色。例中的 $white、$black 颜色定义后就可以在其他函数中使用该颜色对图形中的某一部分进行着色了。

4. 输出图形

如果需要将已经绘制的图形输出到浏览器或文件中，可以使用相应的函数来完成。使用 imagegif()可以将图形以 GIF 格式输出到浏览器或文件中，imagejpeg()将图形以 JPEG 格式输出，imagepng()函数将图形以 PNG 格式输出。语法格式如下：

```
bool imagepng(resource $image [, string $filename ])
bool imagegif(resource $image [, string $filename ])
bool imagejpeg(resource $image [, string $filename [, int $quality ]])
```

不管输出什么格式的图片,都要使用 header()函数向浏览器发送相应的头信息,如果要输出 GIF 格式的图片应使用 header("Content-type:image/gif");输出 JPEG 格式的图片应使用 header("Content-type:image/jpeg");输出 PNG 格式使用 header("Content-type:image/png")。例如:

```php
<?php
    $image = imagecreate(400,400);                    //创建背景图形
    $back_color = imagecolorallocate( $image,255,0,0);        //设置背景颜色为红色
    header("Content - type:image/gif");              //发送头信息,使脚本输出 GIF 格式文件
    imagegif( $image,"images/back.gif");              //将图形保存为 back.gif 文件
    imagegif( $image);                               //在浏览器中输出图形
?>
```

5. 清除资源

为了节省资源,图片创建后返回的句柄如果不再使用,就要用 imagedestroy()函数来释放与之相关的内存。语法格式如下:

```php
imagedestroy( $image);
```

其中,$image 是已经创建的句柄。

8.3.3 绘制图形

在掌握了一些最基本的图形操作后,就可以在已经创建的画布(背景图形)上绘制具体的图形了。PHP 中可以绘制的图形有几何图形、文本文字、颜色块等。

1. 绘制几何图形

(1) 画一个点

使用 imagesetpixel()函数可以在已经创建的背景图形上画一个单一像素,即一个点。语法格式如下:

```php
bool imagesetpixel(resource $image, int $x, int $y, int $color )
```

说明:imagesetpixel()函数在已经创建的背景图形 $image 上用 $color 颜色在($x, $y)坐标上画一个点。

【例 8-21】 在(100,100)坐标上画一个蓝色的点。

```php
<?php
    $image = imagecreate(200,200);                    //创建背景图形
    $background = imagecolorallocate( $image,255,255,255);      //背景色设置为白色
    $blue = imagecolorallocate( $image,0,0,255);       //定义蓝色
    imagesetpixel( $image,100,100, $blue);            //画一个蓝色的点
    header("Content - type: image/gif");             //发送头信息
    imagegif( $image);                               //输出图形
    imagedestroy( $image);                           //清除资源
?>
```

（2）画一条线段

使用 imageline() 函数可以画出一条线段，语法格式如下：

```
bool imageline(resource $image, int $x1, int $y1, int $x2, int $y2, int $color)
```

说明：imageline() 函数可以在已经创建的背景图形 $image 上使用 $color 颜色画出一条坐标从（$x1，$y1）到（$x2，$y2）的线段。

【例 8-22】 从坐标（0,0）到（100,100）之间绘制一条黑色的线段。

```php
<?php
    $image = imagecreate(800, 800);                          //创建背景图形
    $background_color = imagecolorallocate( $image, 255, 255, 255);    //背景色设为白色
    $black = imagecolorallocate( $image,0,0,0);              //定义黑色
    imageline( $image, 0,0,100,100, $black);                 //画一条黑色的线段
    header("Content - type: image/png");                     //发送头信息
    imagepng( $image);                                       //输出图形
    imagedestroy( $image);                                   //清除资源
?>
```

运行结果如图 8-4 所示。

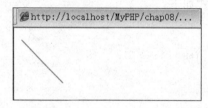

图 8-4 画一条线段

（3）画一个矩形

绘制矩形可以使用 imagerectangle() 函数来完成。语法格式如下：

```
bool imagerectangle(resource $image, int $x1, int $y1, int $x2, int $y2, int $color)
```

说明：imagerectangle() 函数在已经创建的背景图形 $image 上使用 $color 颜色画出一个矩形，矩形的左上角坐标为（$x1，$y1），右下角坐标为（$x2，$y2）。

（4）画一个椭圆

使用 imageellipse() 函数可以画出一个椭圆，语法格式如下：

```
bool imageellipse ( resource $image, int $cx, int $cy, int $w, int $h, int $color )
```

说明：imageellipse() 函数在背景图形 $image 上画一个中心坐标为（$cx，$cy）的椭圆。$w 和 $h 分别指定了椭圆的宽度和高度，椭圆线条的颜色由 $color 指定。当椭圆的宽度和高度相等时，画出的将是一个圆。

【例 8-23】 使用 imageellipse() 函数画一个椭圆和一个圆。

```php
<?php
    $image = imagecreate(500,300);                           //创建背景图形
    $background = imagecolorallocate( $image,255,255,255);    //背景色设为白色
    $red = imagecolorallocate( $image,255,0,0);              //定义红色
```

```
imageellipse( $image,100,100,200,100, $red);          //画一个椭圆
imageellipse( $image,200,100,200,200, $red);          //画一个圆
header("Content - type: image/gif");                  //发送头信息
imagegif( $image);                                    //输出图形
imagedestroy( $image);                                //清除资源
?>
```

运行结果如图 8-5 所示。

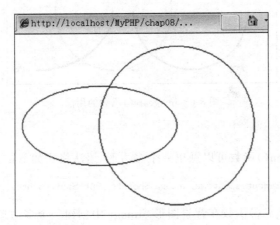

图 8-5　画一个椭圆和一个圆

（5）画一个椭圆弧

imageellipse()函数用于创建一个完整的椭圆,如果只要创建一个椭圆弧,可以使用 imagearc()函数。语法格式如下：

```
bool imagearc(resource $image,int $cx, int $cy, int $w, int $h, int $s, int $e, int $color)
```

说明：imagearc()函数以坐标($cx, $cy)为中心在背景图形 $image 上画一个椭圆弧。 $w 和 $h 分别指定了椭圆的宽度和高度,当宽度和高度相等时,画出来的是圆弧。起始和 结束点用 $s 和 $e 参数以角度指定。以中心点为原点作坐标系,中心点右边的横轴为 0°,按 顺时针方向绘画。

【例 8-24】 imagearc()函数的用法示例。

```
<?php
$image = imagecreate(500,300);                        //创建背景图形
$background = imagecolorallocate( $image,255,255,255); //背景色设为白色
$red = imagecolorallocate( $image,255,0,0);            //定义红色
$green = imagecolorallocate( $image,0,255,0);          //定义绿色
$blue = imagecolorallocate( $image,0,0,255);           //定义蓝色
imagearc( $image,100,100,150,150,0,180, $red);         //用红色画一个半圆弧
imagearc( $image,200,100,150,150,0,360, $green);       //用绿色画一个圆
imagearc( $image,300,100,200,150,90,180, $blue);       //用蓝色画一个椭圆弧
header("Content - type: image/gif");                   //发送头信息
imagegif( $image);                                     //输出图形
imagedestroy( $image);                                 //清除资源
?>
```

运行结果如图 8-6 所示。

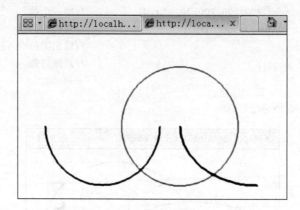

图 8-6　imagearc()函数的用法

（6）画一个多边形

使用 imagepolygon()函数可以画出一个多边形，语法格式如下：

```
bool imagepolygon(resource $image, array $points, int $num_points, int $color)
```

说明：imagepolygon()函数在背景图形 $image 中创建一个多边形。$points 是一个数组，包含多边形各个顶点的坐标，即 $points[0]= x0，$points[1]= y0，$points[2]= x1，$points[3]= y1，以此类推，$num_points 是顶点的坐标，$color 为多边形线条的颜色。

【例 8-25】 绘制一个五边形。

```php
<?php
    $image = imagecreate(200,200);                           //创建背景图形
    $background = imagecolorallocate( $image,255,255,255);   //背景色设为白色
    $blue = imagecolorallocate( $image,0,0,255);             //定义蓝色
    $coords = array(100,25,24,80,53,170,147,170,176,80);     //定义顶点坐标
    imagepolygon( $image, $coords,5, $blue);                 //画出五边形
    header("Content - type: image/gif");                     //发送头信息
    imagegif( $image);                                       //输出图形
    imagedestroy( $image);                                   //清除资源
?>
```

2. 输出文本

（1）输出一个字符

使用 imagechar()函数可以在背景图形上水平输出一个字符，语法格式如下：

```
bool imagechar(resource $image, int $font, int $x, int $y, string $c, int $color)
```

说明：函数用颜色 $color 将字符 $c 画到背景图形 $image 的($x,$y)坐标处。如果 $c 是一个字符串，则只输出第一个字符。$font 表示字符串的字体，如果值为 1～5 中的一个数，则使用内置字体，值为 5 时字体最大，为 1 时字体最小。例如：

```
imagechar( $image,5,50,50, 'C', $color);
```

（2）输出字符串

使用 imagestring()函数可以在已经创建的背景图形上输出字符串，语法格式如下：

```
bool imagestring(resource $image, int $font, int $x, int $y, string $s, int $color)
```

说明：函数用颜色 $color 将字符串 $s 画到背景图形 $image 的（$x，$y)坐标处（这是字符串左上角坐标）。

（3）使用指定字体输出字符串

使用 imagettftext()函数可以在输出字符的同时指定字体，并根据参数的不同输出不同角度的字符串，语法格式如下：

```
array imagettftext(resource $image, float $size, float $angle, int $x, int $y, int $color, string
 $fontfile, string $text)
```

说明：本函数用颜色 $color 将字符串 $text 输出到背景图形 $image 的（$x，$y)坐标处，输出字符串时，可以指定字体的大小 $size，指定字体的角度 $angle（水平时角度值为 0，沿逆时针变大)，指定想要使用的 TrueType 的字体文件 $fontfile。

【例 8-26】 以不同角度输出字符串，并指定字体。

```php
<?php
    $image = imagecreate(200, 200);                        //创建背景图形
    $background = imagecolorallocate( $image, 255, 255, 255);   //背景色设为白色
    $grey = imagecolorallocate( $image, 128, 128, 128);        //定义灰色
    $text = 'Testing...';                                 //初始化字符串
    $font = 'C:\WINDOWS\Fonts\simhei.ttf';               //字体文件
    imagettftext( $image, 20, 0, 10, 150, $grey, $font, $text);   //水平输出字符串 $text
    imagettftext( $image, 20, 45, 10,140, $grey, $font, $text);
    //以 45°角输出字符串 $text
    header("Content - type: image/gif");                  //发送头信息
    imagegif( $image);                                    //输出图形
    imagedestroy( $image);                                //清除资源
?>
```

运行结果如图 8-7 所示。

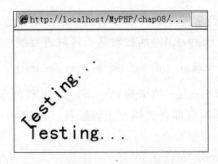

图 8-7　使用指定字体输出字符串

（4）输出中文字符

中文字符不可以使用 imagettftext()函数在图片中直接输出，如果要输出中文字符，需要先使用 iconv()函数对中文字符进行编码，语法格式如下：

```
string iconv ( string $in_charset, string $out_charset, string $str )
```

说明：参数 $in_charset 是中文字符原来的字符集，$out_charset 是编码后的字符集，$str 是需要转换的中文字符串。函数最后返回编码后的字符串。这时使用 imagettftext() 函数就可以在图片中输出中文了。

【例 8-27】 在图片中输出中文。

```php
<?php
  header("Content - type: image/gif");
  $image = imagecreate(500, 500);                          //创建背景图形
  $background = imagecolorallocate( $image, 255, 255, 255);  //背景色为白色
  $green = imagecolorallocate( $image, 0, 255, 0);         //定义绿色
  $text = "汕头职业技术学院";
  $font = 'C:\WINDOWS\Fonts\simhei.ttf';                    //字体文件
  $codetext = iconv("GB2312", "UTF - 8", $text);           //对中文进行编码
  imagettftext( $image, 20, 0, 10, 150, $red, $font, $codetext);
  //水平输出字符串 $codetext
  imagegif( $image);                                        //输出图形
  imagedestroy( $image);                                    //清除资源
?>
```

运行结果如图 8-8 所示。

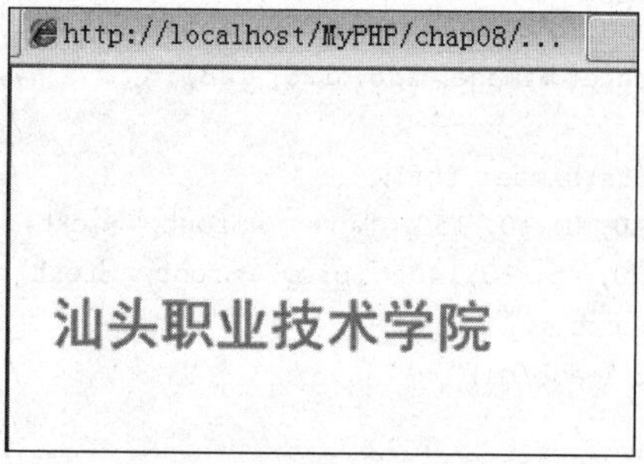

图 8-8　在图片中输出中文

3. 绘制带填充色的几何图形

在实际的绘图过程中，经常需要对图形中的某一区域填充颜色，这样图形才会变得更加美观。在 PHP 中可以使用 imagefill() 函数对某一区域进行颜色填充，语法格式如下：

```
bool imagefill(resource $image, int $x, int $y, int $color )
```

说明：函数在背景图形 $image 的坐标($x, $y)处用颜色 $color 执行区域填充，即与 ($x, $y)点颜色相同且相邻的点都会被填充上该颜色。例如：

```php
<?php
  $ image = imagecreatetruecolor(100,100);            //创建背景图形,默认为黑色
  $red = imagecolorallocate( $image,255,0,0);         //设为红色
  imagefill( $image,0,0, $red);                       //填充红色
  header("Content - type: image/gif");
  imagegif( $image);
  imagedestroy( $image);
?>
```

上面代码实现的功能是将整个背景图形的颜色填充为红色。

使用 imagefill()函数填充颜色时要计算填充点,这是一件很麻烦的事。PHP 可以在画几何图形时就将几何图形填充为指定颜色。

（1）画一个矩形并填色

使用 imagefilledrectangle()函数可以画一个矩形,并使用指定颜色填充该矩形。语法格式如下:

```
bool imagefilledrectangle(resource $image, int $x1, int $y1, int $x2, int $y2, int $color )
```

说明:imagefilledrectangle()函数的功能和参数结构与 imagerectangle()函数类似,不同之处在于,imagerectangle()函数的 $color 参数指定的是矩形线条的颜色,imagefilledrectangle()函数的 $color 参数指定的是整个矩形区域的颜色。

【例 8-28】 画一个矩形并填色。

```php
<?php
  $image = imagecreatetruecolor(200,200);
  $white = imagecolorallocate( $image,255,255,255);      //定义白色
  $grey = imagecolorallocate( $image, 128, 128, 128);     //定义灰色
  imagefill( $image,0,0, $white);                         //背景色设为白色
  imagefilledrectangle( $image,10,10,150,150, $grey);     //画一个矩形,并填充灰色
  header('Content - type: image/gif');
  imagegif( $image);                                      //输出图形
  imagedestroy( $image);
?>
```

（2）画一个椭圆并填色

使用 imagefilledellipse()函数可以在已经创建的图形上画一个椭圆,并使用指定颜色进行填充。语法格式如下:

```
bool imagefilledellipse(resource $image, int $cx, int $cy, int $w, int $h, int $color)
```

说明:imagefilledellipse()函数的功能与参数结构与 imageellipse()函数类似,只不过 imagefilledellipse()函数的 $color 参数指定的是整个椭圆区域的填充色。

（3）画一个椭圆弧并填色

函数 imagefilledarc()可以画一个椭圆弧并填充颜色,语法格式如下:

```
bool imagefilledarc(resource $image, int $cx, int $cy, int $w, int $h, int $s, int $e, int $color, int $style)
```

说明:imagefilledarc()函数的功能和参数结构与 imagearc()函数类似,只不过 imagefilledarc()函数比 imagearc()函数多了一个 $style 参数。

8.3.4 图形的具体操作

1.颜色处理

（1）指定颜色填充

使用 imagefilltoborder()函数可以为指定点进行颜色填充,如果遇到指定颜色的边界,则停止填充。语法格式如下:

```php
bool imagefilltoborder(resource $image, int $x, int $y, int $border, int $color)
```

说明：该函数从坐标($x，$y)开始用$color颜色执行区域填充，直到碰到颜色为$border的边界为止。边界内的所有颜色都会被填充。

（2）定义透明色

使用imagecolorallocatealpha()函数也可以为指定的图形分配颜色，还可以设置颜色的透明度。语法格式如下：

```php
int imagecolorallocatealpha ( resource $image, int $red, int $green, int $blue, int $alpha )
```

说明：imagecolorallocatealpha()函数比imagecolorallocate()函数多了一个参数$alpha，这个参数就用于设置颜色的透明度，其值为0~127。0表示完全不透明，127表示完全透明。

【例8-29】 设置颜色的透明度示例。

```php
<?php
    $image = imagecreatetruecolor(200,200);
    imagefill( $image,0,0,imagecolorallocate( $image,255,255,255));
    $red = imagecolorallocatealpha( $image,255,0,0,60);      //红色,透明度为60
    $blue = imagecolorallocatealpha( $image,0,0,255,60);     //蓝色,透明度为60
    imagefilledellipse( $image,50,50,100,100, $red);          //画红色圆
    imagefilledellipse( $image,70,70,100,100, $blue);         //画蓝色圆
    header('Content - type: image/gif');
    imagegif( $image);
    imagedestroy( $image);
?>
```

2. 复制图片的一部分

使用imagecopy()函数能够复制图片的一部分到另一个图片中，语法格式如下：

```php
bool imagecopy(resource $dst_im, resource $src_im, int $dst_x, int $dst_y, int $src_x, int
$src_y, int $src_w, int $src_h )
```

注意：将$src_im中坐标从($src_x，$src_y)开始，宽度为$src_w、高度为$src_h的一部分复制到$dst_im中坐标为($dst_x，$dst_y)的位置上。

【例8-30】 复制图片的一部分到另一张图片中（图片位于当前目录下的images目录中）。

新建EX8-30.php文件，输入以下代码。

```php
<?php
    header("Content - type: image/jpeg");                     //发送头信息
    $image1 = imagecreatefromjpeg("images/EX8_30_n1.jpg");    //创建图形
    $image2 = imagecreatefromjpeg("images/EX8_30_n2.jpg");
    imagecopy( $image1, $image2,50,5,50,0,160,160);           //复制图形的一部分
    imagejpeg( $image1);                                       //输出图形 $image1
    imagedestroy( $image1);
    imagedestroy( $image2);
?>
```

运行结果如图 8-9 所示。

3. 复制图片并调整大小

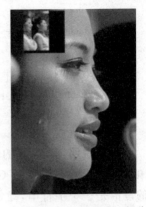

使用 imagecopyresized() 函数也可以实现 imagecopy() 函数的功能,并可以对复制的图片大小进行调整。语法格式如下:

```
bool imagecopyresized(resource $dst_image, resource $src_image,
int $dst_x, int $dst_y, int $src_x, int $src_y, int $dst_w, int
$dst_h, int $src_w, int $src_h )
```

注意:imagecopyresized() 函数比 imagecopy() 函数多了两个参数:$dst_w 和 $dst_h,这两个参数表示将复制的图片宽度和高度分别调整为 $dst_w 和 $dst_h,即实现了图片的缩放功能。例如:

图 8-9 复制图片的一部分

```
imagecopyresized( $image1, $image2,50,5,50,0,50,50,160,160)
```

以上代码是对 $image2 从坐标(50,0)开始,截取宽为 160、高为 160 的一部分图形,使之缩小为宽为 50、高为 50 之后,再复制到 $image1 中坐标(50,5)开始的位置上。

4. 旋转图像

使用 imagerotate() 函数可以将图像旋转给定角度,语法格式如下:

```
resource imagerotate (resource $src_im, float $angle, int $bgd_color [, int $ignore_
transparent ] )
```

注意:参数 $src_im 是指定的图像,$angle 是指定的旋转角度,$bgd_color 指定了旋转后没有覆盖到的部分的颜色。旋转的中心是图像的中心,旋转后的图像会按比例缩小以适合目标图像的大小,边缘不会被剪去。

【**例 8-31**】 将图像旋转 45°后显示。

```php
<?php
    $filename = 'images/fox.jpg';                           //指定一张图片
    $degrees = 45;                                          //旋转的角度
    header('Content-type: image/jpeg');
    $image = imagecreatefromjpeg( $filename);               //根据已知图片创建图形
    $rotate = imagerotate( $image, $degrees, 0,0);          //旋转图片
    imagejpeg( $rotate);
    imagedestroy( $image);
?>
```

程序说明:旋转时将参数 $bgd_color 设为 0 表示旋转后没有覆盖到的部分用黑色填充。

8.3.5 其他的图形函数

1. 取得图形信息

之前介绍的 imagesx() 和 imagesy() 函数可以获取图形的宽和高,getimagesize() 函数可以获取指定图形的尺寸、宽度、高度和类型等信息。该函数将这些信息以数组的形式返

回,如果指定的图形不是有效的文件,则返回 False。例如:

```php
<?php
  $message = getimagesize("images/fox.jpg");
  print_r( $message);
  /* 输出结果
  Array ( [0] => 391 [1] => 220 [2] => 2 [3] => width = "391" height = "220" [bits] =>
  8 [channels] => 3 [mime] => image/jpeg )
  */
?>
```

程序说明:键名 0 的键值表示图形的宽度,键名 1 的键值表示图形的高度,键名 2 的键值表示图形的类型(1 为 GIF,2 为 JPG,3 为 PNG,4 为 SWF,5 为 PSD,6 为 BMP),键名 3 的键值是一个字符串,键名 bits 的键值表示图形颜色的位数,键名 channels 的键值 3 表示图形是 RGB 图形;键名 mime 的键值表示图形的类型信息。

2. 设定画线

使用 imagesetthickness()函数可以设置画几何图形时画线的宽度,语法格式如下:

```
bool imagesetthickness(resource $image, int $thickness)
```

注意:该函数将画线宽度设为 $thickness 个像素。

【例 8-32】 设置画线的宽度示例。

```php
<?php
  $image = imagecreatetruecolor(400,400);
  imagefill( $image,0,0,imagecolorallocate( $image,255,255,255));
  $black = imagecolorallocate( $image,0,0,0);
  imagesetthickness( $image,5);
  imageline( $image,0,200,300,0, $black);
  header("Content - type: image/gif");
  imagegif( $image);
  imagedestroy( $image);
?>
```

8.3.6 实例——自动生成验证码

【例 8-33】 在制作一个用户留言页面时需要进行验证,本例自动生成验证码图片,用户输入验证码图片中字符,系统进行验证。

新建 EX8-33a.php 页面,显示用户界面。

```html
<!DOCTYPE html>
<html>
<head>
  <title>留言页面</title>
</head>
<body>
<form method = "post" action = "">
  验证码: <input type = "text" size = "10" name = "check">
  <img src = "EX8 - 33b.php">
  <input type = "submit" name = "ok" value = "提交">
```

```
    </form>
    </body>
    </html>
    <?php
        session_start();
        if(isset($_POST['ok']))
        {
            $checkstr = $_SESSION['string'];
            $str = $_POST['check'];
            if(strcasecmp($str, $checkstr) == 0)
                echo "<script>alert('验证码输入正确!');</script>";
            else
                echo "<script>alert('输入错误!');</script>";
        }
    ?>
```

新建 EX8-33b.php 页面,用于产生验证码图片中的字符。

```
<?php
    session_start();
    header('Content-type: image/gif');
    $image_w = 100;
    $image_h = 25;
    $number = range(0,9);
    $character = range("Z","A");
    $result = array_merge($number, $character);
    $string = "";
    $len = count($result);
    for($i = 0; $i < 4; $i++)
    {
        $new_number[$i] = $result[rand(0, $len - 1)];
        $string = $string. $new_number[$i];
    }
    $_SESSION['string'] = $string;
    $check_image = imagecreatetruecolor($image_w, $image_h);
    $white = imagecolorallocate($check_image, 255, 255, 255);
    $black = imagecolorallocate($check_image, 0, 0, 0);
    imagefill($check_image,0,0,$white);
    for($i = 0; $i < 100; $i++)
    {
        imagesetpixel($check_image, rand(0, $image_w), rand(0, $image_h), $black);
    }
    for($i = 0; $i < count($new_number); $i++)
    {
        $x = mt_rand(1,8) + $image_w * $i/4;
        $y = mt_rand(1, $image_h/4);
        $color = imagecolorallocate($check_image,mt_rand(0,200),
                mt_rand(0,200),mt_rand(0,200));
        imagestring($check_image,5, $x, $y, $new_number[$i], $color);
    }
    imagepng($check_image);
```

```
    imagedestroy( $check_image);
?>
```

运行结果如图 8-10 所示。

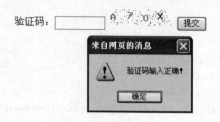

图 8-10　提交验证码

8.4　项目实训

实训 1　删除指定路径中的非空文件夹

1. 实训目的

（1）了解目录操作的步骤。

（2）学会获取指定路径中的文件名和文件夹名。

（3）学会判断一个路径是目录路径还是文件路径。

（4）掌握删除非空文件夹的方法。

2. 实训要求

在 sx8 目录下创建 sx8-1.php 网页，要求在下拉列表框中，列出 sx8 目录包含的所有文件夹，如图 8-11 所示。如果用户选择任意一个文件夹（包括非空文件夹，如 com），并单击"删除"按钮，就能删除该文件夹。

实训 2　文件的上传

1. 实训目的

（1）了解文件上传的步骤。

（2）学会使用预定义变量 $_FILES 提取客户端文件的信息。

（3）学会使用 move_uploaded_file() 将客户端文件上传到服务器中。

2. 实训要求

在 sx8 目录下创建 sx8-2.php 网页，将客户端上传的文件存放到 sx8\upload 目录下，并输出上传文件的名称、类型、大小。运行结果如图 8-12 所示。

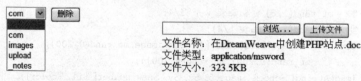

图 8-11　列出所有文件夹　　　　　　　图 8-12　文件上传结果

实训3　将服务器的日期、时间、星期几信息显示在网页中

1. 实训目的

（1）了解时区的设置。

（2）掌握 date()函数的用法。

2. 实训要求

在 sx8 目录下创建 sx8-3.php 网页，将服务器的日期、时间、星期几信息按图 8-13 所示显示在网页中。

2016 年 12 月
16
星期五

图 8-13　显示日期信息

思考与练习

一、填空题

1. 在"文件句柄＝fopen("文件路径"，$mode)"语句中，文件路径可以是盘符、协议开头的＿＿＿＿＿路径，也可以是＿＿＿＿＿路径。

2. 语句"数组名＝file("文件路径")"的功能是将整个文件内容读取到一维数组中，文件中的＿＿＿＿＿读取到数组的一个元素中。用于将一个网页的＿＿＿＿＿按原格式显示到浏览器中。

3. 获取当前时间戳的语句是＿＿＿＿＿，获取系统当前的日期、时间、星期几的语句是＿＿＿＿＿。

二、简答题

1. 常用目录文件操作函数有哪些？具体功能各是什么？

2. 常用日期时间函数有哪些？具体功能各是什么？

3. 常用图片处理函数有哪些？具体功能各是什么？

4. 绘制直线、椭圆、点分别使用哪几个图形处理函数？

第9章

PHP安全编程

为了防止网站存在明显的可被攻击漏洞,需要特别注意以下几点。

(1) 软件漏洞。包括 Web 服务器软件、数据库服务器软件、脚本编程语言的漏洞。

(2) 用户恶意输入。必须先检查这些数据,并过滤有可能对系统造成破坏的数据。

(3) 未能妥善验证用户身份。

- 了解 PHP 的安全配置。
- 了解 SQL 注入攻击的原理和防范措施。
- 了解跨站脚本攻击的原理和防范措施。
- 掌握身份认证系统的设计和实现方法。

9.1 安全配置 PHP

PHP 的配置文件是 php.ini,该文件位于 C:\Windows 目录下,它提供了很多配置参数,通过合理配置可大大提高 PHP 网站的安全级别,尤其可防止 SQL 注入攻击。

9.1.1 安全模式的配置

1. 打开 PHP 的安全模式

PHP 的安全模式是个非常重要的内嵌的安全机制,能够控制一些 PHP 中的函数,比如 system(),同时对很多文件操作函数进行了权限控制,也不允许对某些关键文件进行操作,比如/etc/passwd。但是默认的 php.ini 是没有打开安全模式的,打开方式如下:

```
safe_mode = on
```

2. 用户组安全

当 safe_mode 打开时,safe_mode_gid 被关闭,则 PHP 脚本能够对文件进行访问,且相同组的用户也能够对文件进行访问。建议设置为：

```
safe_mode_gid = off
```

如果不进行设置，可能就无法对服务器网站目录下的文件进行操作了。

3. 安全模式下执行程序主目录

如果安全模式打开了，要执行某些程序时，可以指定要执行程序的主目录：

```
safe_mode_exec_dir = C:/WAMP/bin
```

在一般情况下是不需要执行什么程序的，所以推荐不要执行系统程序目录，可以指向一个目录，然后把需要执行的程序复制过去，比如：

```
safe_mode_exec_dir = C:/www/tool
```

一般情况下，推荐只指向本网站网页目录：

```
safe_mode_exec_dir = C:/WAMP/www
```

4. 安全模式下包含文件

如果要在安全模式下包含某些公共文件，则需要修改一下选项：

```
safe_mode_include_dir = C:/WAMP/www/include/
```

这在一般文件中都已包含，在 PHP 脚本中已经写好，可以根据具体需要进行设置。

9.1.2　其他与安全有关的参数配置

1. 控制 PHP 脚本能访问的目录

使用 open_basedir 选项能够控制 PHP 脚本只能访问指定的目录，这样能够避免 PHP 脚本访问不应该访问的文件，在一定程度上限制了 PHP Shell 的危害，一般可以设置为只能访问网站目录：

```
open_basedir = C:/WAMP/WWW
```

2. 关闭危险函数

如果打开了安全模式，那么函数禁止是可以不需要的，但是为了安全还是考虑进去。比如，不希望执行包括 system() 等在内的 PHP 函数，或者能够查看 PHP 信息的 phpinfo() 等函数，就可以禁止它们：

```
disable_functions = system,passthru,exec,shell_exec,popen,phpinfo
```

如果要禁止任何文件和目录的操作，那么可以关闭很多文件操作：

```
disable_functions = chdir,chroot,dir,getcwd,opendir,readdir,scandir,fopen,unlink,delete,
copy,mkdir,rmdir,rename,file,file_get_contents,fputs,fwrite,chgrp,chmod,chown
```

以上只是列了部分比较常用的文件处理函数，就能够抵制大部分的 PHP Shell 了。

3. 关闭 PHP 版本信息

为了防止黑客获取服务器中 PHP 版本的信息，可以关闭该信息：

```
expose_php = off
```

这样黑客在执行 telnet www.xxx.com 80 命令时，将无法看到 PHP 版本的信息。

4. 关闭注册全局变量

在 PHP 中提交的变量，包括使用 POST 或者 GET 提交的变量，都将自动注册为全局变量，能够直接访问，这对服务器是非常不安全的，所以不能让它注册为全局变量，把注册全局变量选项关闭：

```
register_globals = off
```

当然，如果这样设置了，那么获取对应变量时就要采用合理方式，比如，获取 GET 提交的变量 var，就要用 $\_GET['var']$ 来获取。

5. 打开 magic_quotes_gpc 防止 SQL 注入

SQL 注入是非常危险的问题，轻则网站后台被入侵，重则整个服务器沦陷，所以一定要小心。php.ini 中有一个设置：

```
magic_quotes_gpc = off
```

这个默认是关闭的，如果它打开后将自动把用户提交对 SQL 的查询进行转换，比如把"'"转为"\"等，这对防止 SQL 注入有重大作用。所以推荐设置如下：

```
magic_quotes_gpc = on
```

6. 错误信息控制

一般 PHP 在没有连接到数据库或者其他情况下会有提示错误，一般错误信息中会包含 PHP 脚本当前的路径信息或者查询的 SQL 语句等信息。这类信息提供给黑客后，是不安全的，所以一般服务器建议禁止错误提示：

```
display_errors = off
```

如果想要显示错误信息，一定要设置显示错误的级别，比如只显示警告以上的信息：

```
error_reporting = E_WARNING & E_ERROR
```

当然，还是建议关闭错误提示。

7. 错误日志

建议在关闭 display_errors 后能够把错误信息记录下来，便于查找服务器错误的原因：

```
log_errors = on
```

同时也要设置错误日志存放的目录，建议与 Apache 的日志存在一起：

```
error_log = C:/WAMP /local/apache2/logs/php_error.log
```

注意：必须允许 Apache 用户和组具有写的权限。

8. 脚本最大执行时间 max_execution_time

php.ini 中默认的最长执行时间是 30 秒，这由 php.ini 中的 max_execution_time 变量指定，倘若你有一个需要颇多时间才能完成的工作，方法是修改 php.ini 中 max_execution_ time 的数值。

9.1.3　apache 的降权运行

在 Windows 平台下搭建的 apache 默认运行是 system 权限,下面将讲述如何给 apache 降低权限。

```
net user apache apche /add
net localgroup users apache /del
```

这样建立了一个不属于任何组的用户 apache。

打开计算机管理器,选择服务,单击 apache 服务的属性,选择 log on,选择 this account,输入建立的账户和密码,如图 9-1 所示。重启 apache 服务,apache 就运行在低权限下了。

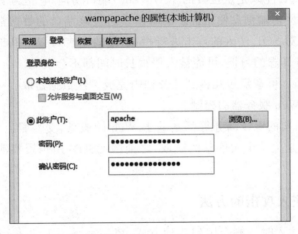

图 9-1　登录界面

实际上还可以通过设置各个文件夹的权限,让 apache 用户只能执行我们想让它干的事情,给每一个目录建立一个单独的、能读写的用户。

9.2　SQL 注入攻击与防范

SQL 注入就是攻击者通过把 SQL 命令插入 Web 表单递交或输入域名或页面请求的查询字符串,最终达到让后台数据库执行恶意 SQL 命令的目的,并根据程序返回的结果,获得某些攻击者想知道的数据。

9.2.1　SQL 注入攻击原理及特点

1. SQL 注入攻击原理

SQL 注入攻击是指通过构建特殊的输入作为参数传入 Web 应用程序,而这些输入大都是 SQL 语法里的一些组合,通过执行 SQL 语句进而执行攻击者所要的操作,其主要原因是程序没有细致地过滤用户输入的数据,致使非法数据侵入系统。

SQL 注入可以分为平台层注入和代码层注入。前者由不安全的数据库配置或数据库平台的漏洞所致;后者主要是由于程序员对输入未进行细致过滤,从而执行了非法的数据查询。

2. SQL 注入攻击的一般步骤

（1）攻击者访问有 SQL 注入漏洞的网站，寻找注入点。

（2）攻击者构造注入语句，注入语句与程序中的 SQL 语句结合生成新的 SQL 语句。

（3）新的 SQL 语句被提交到数据库中执行处理。

（4）数据库执行了新的 SQL 语句后，引发 SQL 注入攻击。

3. SQL 注入攻击的特点

（1）广泛性。SQL 注入攻击可以跨越 Windows、UNIX、Linux 等各种操作系统进行攻击，其攻击目标非常广泛。只要是使用 SQL 语言的 Web 应用程序，如果未对输入的 SQL 语句做严格的处理都会存在 SQL 注入漏洞。

（2）隐蔽性。SQL 注入是从正常的 WWW(80)端口访问，它是为 HTTP 即超文本传输协议开放的，是万维网传输信息使用最多的协议。通过该端口的数据都是被防火墙所许可的，因此防火墙不会对 SQL 注入的攻击进行拦截，使攻击者可以顺利地通过防火墙。如果管理员没有查看 IIS 日志的习惯，可能被入侵很长时间都不会发觉。

（3）攻击时间短。可在短短几秒到几分钟内完成一次数据窃取、一次木马种植，甚至完成对整个数据库或 Web 服务器的控制。

（4）危害大。目前的电子商务等都是基于 Web 的服务，交易量巨大，一旦遭到攻击后果不堪设想。另外，是关于个人信息的窃取，之前的 CSDN 用户资料泄露就引起了很大的社会反响。

9.2.2　SQL 注入攻击的方法

（1）进行 SQL 注入时一般会用到两种方式，第一种是手工注入；第二种是工具注入。SQL 注入攻击的常见方法如表 9-1 所示。

表 9-1　SQL 注入攻击的常见方法

方　　法	密码框中输入的内容	说　　明
增加条件表达式法	' or '1'='1	适合于任何情况
插入注释符法	' or 1＝1 / *	适合于任何情况
union 连接其他查询法	' union select * from admin where id＝'1	必须知道表名和字段名
插入语句结束符";"构造多查询语句法	'; drop table admin / *	仅 SQL Server 或 Access 中能使用

（2）修补 SQL 注入漏洞的措施。可以使用 addslashes()函数对用户输入的特殊字符加反斜杠。例如：

```
$userName = addslashes( $_POST["userName"]);
```

将 php.ini 中的 magic_quotes_gpc ＝ on，则上述注入攻击都不会成功。

使用 mysql_real_escape_string()函数，但在调用 mysql_real_escape_string()函数之前，必须先连接 MySQL 数据库。

9.2.3　SQL 注入攻击的检测

1. 动态 SQL 检查

动态的 SQL 语句是一个进行数据库查询的强大工具,但把它和用户输入混合在一起就使 SQL 注入成为可能。将动态的 SQL 语句替换成预编译的 SQL 或者存储过程对大多数应用程序是可行的。预编译的 SQL 或者存储过程可以将用户的输入作为参数而不是命令来执行,这样就限制了入侵者的行动。当然,它不适用于存储过程中利用用户输入来生成 SQL 命令的情况。在这种情况下,用户输入的 SQL 命令仍可能得到执行,数据库仍然存在 SQL 注入漏洞攻击的危险。

2. 有效性校验

如果一个输入框只能包括数字,那么要通过验证确保用户输入的都是数字。如果可以接收字母,就需要设置字符串检查功能,检查是不是存在不可接收的字符。确保应用程序要检查以下字符:分号、等号、破折号、括号以及 SQL 关键字。

3. 数据表检查

使用 SQL 注入漏洞攻击工具软件进行 SQL 注入漏洞攻击后,都会在数据库中生成一些临时表。通过查看数据库中最近新建的表的结构和内容,可以判断是否曾经发生过 SQL 注入漏洞攻击。

4. 审计日志检查

在 Web 服务器中如果启用了审计日志功能,则 Web Service 审计日志会记录访问者的 IP 地址、访问时间、访问文件等信息,SQL 注入漏洞攻击往往会大量访问某一个页面文件(存在 SQL 注入点的动态网页),审计日志文件会急剧增加,通过查看审计日志文件的大小以及审计日志文件中的内容,可以判断是否发生过 SQL 注入漏洞攻击事件;另外,还可以通过查看数据库审计日志,查询某个时间段是否有非法的插入、修改、删除操作。

5. 其他

SQL 注入漏洞攻击成功后,入侵者往往会添加特权用户(如 administrator、root、sa 等)、开放非法的远程服务以及安装木马后门程序等,可以通过查看用户账户列表、远程服务开启情况、系统最近日期产生的一些文件等信息来判断是否发生过入侵。

9.2.4　SQL 注入攻击的防范

(1) 数据有效性校验。确保应用程序要检查以下字符:分号、等号、破折号、括号以及 SQL 关键字。另外,限制表单数据输入和查询字符串输入的长度也是一个好方法。

(2) 封装数据信息。对客户端提交的数据进行封装,不要将数据直接存入 Cookie 中。

(3) 去除代码中的敏感信息。将在代码中存在的用户名、口令信息等敏感字段删除,替换成输入框。

(4) 替换或删除单引号。使用双引号替换所有用户输入的单引号,这个简单的预防措施将在很大程度上预防 SQL 注入漏洞攻击。

(5) 指定错误返回页面。

（6）限制 SQL 字符串连接的配置文件。

（7）设置 Web 目录的访问权限。将虚拟站点的文件目录禁止游客用户访问。

（8）最小服务原则。Web 服务器应以最小权限进行配置，只提供 Web 服务，这样可以有效地阻止系统的危险命令，如 ftp、cmd、vbscript 等。

（9）鉴别信息加密存储。将数据库 users 表中的用户名、口令信息以密文形式保存。

（10）用户权限分离。应尽可能禁止或删除数据库中 sa 权限用户的访问，对不同的数据库划分不同的用户权限。

9.3 跨站脚本攻击

9.3.1 跨站脚本攻击概述

跨站脚本攻击（Cross Site Scripting，为区别于 CSS，简称 XSS）是指 Web 应用程序在将数据输出到网页时存在问题，导致攻击者可以将构造的恶意数据显示在页面的漏洞。因为跨站脚本攻击都是向网页内容中写入一段恶意的脚本或者 HTML 代码，故跨站脚本攻击也被叫作 HTML 注入漏洞（HTML Injection）。

与 SQL 注入攻击数据库服务器的方式不同，跨站脚本攻击是在客户端发动攻击的，也就是说，利用跨站脚本漏洞注入的恶意代码是在用户计算机上的浏览器中运行的。

跨站脚本攻击是一种迫使 Web 站点回显可执行代码的攻击技术，而这些可执行代码是由攻击者产生的，最终会被用户浏览器加载。大多数攻击一般只涉及攻击者和受害者，而 XSS 涉及三方，即攻击者、被攻击者利用的网站、受害者客户端。XSS 攻击的原理示意如图 9-2 所示。

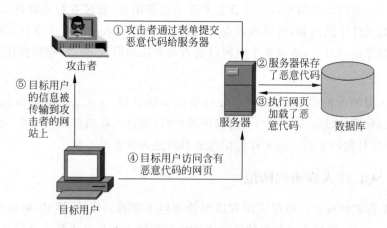

图 9-2　XSS 攻击的原理示意图

XSS 攻击的分类如下。

（1）持久型跨站：最直接的危害类型，跨站代码存储在服务器（数据库）。

（2）非持久型跨站：反射型跨站脚本漏洞是最普遍的类型。用户访问服务器—跨站链接—返回跨站代码。

（3）DOM 跨站（DOM XSS）：DOM（Document Object Model，文档对象模型），客户端

脚本处理逻辑导致的安全问题。

9.3.2　跨站脚本攻击的实例

1. 一个实例演示

一个跨站脚本攻击的实例如图 9-3 所示。

图 9-3　跨站脚本攻击的实例

2. 防范 XSS 攻击的方法

在 PHP 中，一般利用 htmlspecialchars 或 htmlentities 函数将特殊字符转换成 HTML 字符实体。

```php
<?php
  $title = htmlspecialchars( $_POST['Title']);
  $content = htmlspecialchars( $_POST['content']);
?>
```

3. 利用 XSS 任意删除留言

攻击者可以发表一条留言，留言的内容如下：

```
< img src = "delbook.php?id = 2" />
```

则管理员用账号登录后，只要一查看留言，就会自动将 ID 号为 2 的留言删除。

9.3.3　防范跨站脚本攻击的方法

（1）不要在允许位置插入不可信数据。
（2）在向 HTML 元素内容插入不可信数据前对 HTML 解码。
（3）在向 HTML 常见属性插入不可信数据前进行属性解码。
（4）在向 HTML JavaScript Data Values 插入不可信数据前，进行 JavaScript 解码。
（5）在向 HTML 样式属性值插入不可信数据前，进行 CSS 解码。
（6）在向 HTML URL 属性插入不可信数据前，进行 URL 解码。

9.4　身份认证系统的制作

身份认证就是通过特定手段对用户所声称的身份进行认证的过程，它是实现网络安全的重要机制。

9.4.1　PHP 的加密函数

为了用户的数据安全,经常会对数据进行加密。对一些比较常用的加密算法,PHP 提供了非常有力的支持,像 crypt()、md5()和 shal()函数,都可以直接调用。

1. crypt()函数

crypt()函数对字符串加密有两种方式,例如：

```
$ciph = crypt("hello");
$ciph2 = crypt("hello","php");   //前一个参数是要加密的字符串,后一个为密钥
```

2. md5()函数

```
<?php
  $str = "hello";
  Echo md5( $str);
?>
```

3. shal()函数

shal()函数与 md5()函数类似,与 md5()函数不同的是 shal()函数默认返回 40 个字符的散列值。

```
<?php
  $str = "hello";
  echo shal( $str);
?>
```

三个加密函数都是单向加密,没有逆向解密算法。

9.4.2　用户注册模块的实现

【例 9-1】　制作一个登录系统,实现用户注册功能。假设数据库为 STU,数据库中有一个表 user,表的结构如表 9-2 所示。

表 9-2　user 表的结构

项目名	列　名	数据类型	长度	是否可空	默认值	说　　明
用户名	username	不定长字符型(varchar)	20	×	无	主键,由英文字母、下画线或数字组成
密码	password	不定长字符型(varchar)	20	×	无	6～20 位字符
性别	sex	位型(bit)	默认值	×	1	1:男;0:女
年龄	age	整数型(int)	默认值	√	无	
邮箱	email	定长字符型(char)	30	√	无	

```
< html >
< head >
   < title >用户注册页面</ title >
</ head >
< body >
```

```
< form action = "" method = "post">
< div align = "center">< font size = "5" color = "blue">新用户注册</font ></div >
< table width = "340" align = "center" border = "0">
    < tr >
        < td width = "80" align = "right">用户名 :</td >
        < td >< input type = "text" name = "userid"></td >
        < td >< font color = "red"> * 1 - 20 个字符</font ></td >
    </tr >
    < tr >
        < td align = "right">密码 :</td >
        < td >< input type = "password" name = "pwd1" size = "21"></td >
        < td >< font color = "red"> * 6 - 20 个字符</font ></td >
    </tr >
    < tr >
        < td align = "right">确认密码 :</td >
        < td >< input type = "password" name = "pwd2" size = "21"></td >
        < td >  </td >
    </tr >
    < tr >
        < td align = "right">性别 :</td >
        < td >
            < input type = "radio" name = "sex" value = "1">男
            < input type = "radio" name = "sex" value = "0">女
        </td >
        < td >  </td >
    </tr >
    < tr >
        < td align = "right">年龄 :</td >
        < td >< input type = "text" name = "age"></td >
        < td >  </td >
    </tr >
    < tr >
        < td align = "right"> email :</td >
        < td >< input type = "text" name = "email"></td >
        < td >  </td >
    </tr >
    < tr >
        < td colspan = "3" align = "center">
            < input type = "submit" name = "Submit" value = "提交">
            < input type = "reset" name = "Submit2" value = "重置">
        </td >
    </tr >
</table >
</form >
</body >
</html >
<?php
  if(isset( $_POST['Submit']))
  {
    $userid = $_POST['userid'];
    $pwd1 = $_POST['pwd1'];
    $pwd2 = $_POST['pwd2'];
    $sex = @ $_POST['sex'];
    $age = $_POST['age'];
```

```php
$email = $_POST['email'];
$checkid = preg_match('/^\w{1,20} $/', $userid);
$checkpwd1 = preg_match('/^\w{6,20} $/', $pwd1);
checkemail = preg_match('/^[a-zA-Z0-9_\-] + @[a-zA-Z0-9\-] + \.[a-zA-Z0-9\-\.] + $/', $email);
if(! $checkid)
    echo "< script > alert('用户名设置错误!');</script >";
elseif(! $checkpwd1)
    echo "< script > alert('密码设置错误!');</script >";
elseif(! $sex)
    echo "< script > alert('性别为必选项!');</script >";
elseif( $age&&(! is_numeric( $age)))
    echo "< script > alert('年龄必须为一个数字!');</script >";
elseif( $email&&(! $checkemail))
    echo "< script > alert('email 格式错误!');</script >";
elseif( $pwd1!= $pwd2)
    echo "< script > alert('两次输入的密码不一致!');</script >";
else
{
    include "sqlcon.php";              //连接数据库
    $s_sql = "select * from user where username = '$userid'";
    $s_result = $db -> query( $s_sql);
    if( $s_result -> rowCount()!= 0)
        echo "< script > alert('用户名已存在!');</script >";
    else
    {
        $in_sql = "insert into user(username, password, sex, age, email) values(?,?,?,?,?)";
        $in_result = $db -> prepare( $in_sql);
        $in_result -> bindParam(1, $userid);
        $in_result -> bindParam(2, $pwd1);
        $in_result -> bindParam(3, $sex);
        $in_result -> bindParam(4, $age);
        $in_result -> bindParam(5, $email);
        $in_result -> execute();
        if( $in_result -> rowCount() == 0)
            echo "< script > alert('注册失败!');</script >";
        else
        {
            echo "< script > alert('注册成功!');location.href = 'sl9_2.php';</script >";
        }
    }
}
?>
```

9.4.3   用户登录模块的实现

【例 9-2】   制作一个登录系统，实现用户登录功能。

```
< html >
< head >
    < title >用户登录页面</title >
</head >
< body >
< form action = "" method = "post">
< div align = "center">< font size = "5" color = "blue">用户登录</font ></div >
< table align = "center">
    < tr >
        < td >用户名:</td >
        < td >< input type = "text" name = "userid"></td >
    </tr >
    < tr >
        < td >密码: </td >
        < td >< input type = "password" name = "pwd" size = "21"></td >
    </tr >
    < tr >
        < td colspan = "2" align = "center">
            < input type = "submit" name = "Submit" value = "登录">
            < input type = "reset" name = "Submit2" value = "注册" onclick = "window. location =
            'EX10_1_regist. php'">
        </td >
    </tr >
</table >
</form >
</body >
</html >
<?php
    include "sqlcon. php";
    if(isset( $_POST['Submit']))
    {
        $userid = $_POST['userid'];                    //用户名
        $pwd = $_POST['pwd'];                          //密码
        $sql = "select * from user where username = '$userid'";
        $result = $db - > query( $sql);                //查看用户名是否存在
        if(list( $username, $password, $sex, $age, $email) = $result - > fetch(PDO::FETCH_NUM))
        {
            if( $password == $pwd)                     //判断密码是否正确
            {
                session_start();
                $_SESSION['userid'] = $userid;         //使用 SESSION 传值
                header("location:main. php");          //进入主页
            }
            else
                echo "< script >alert('密码错误!');</script >";
        }
        else
            echo "< script >alert('用户名不存在!');</script >";
    }
?>
```

9.5 项目实训——修改密码模块的实现

1. 实训目的

（1）了解数据库连接的步骤。

（2）掌握一般加密算法的使用方法。

2. 实训要求

在例 9-1 和例 9-2 的基础上完成如图 9-4 所示的用户密码的修改功能。

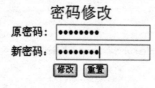

图 9-4　用户密码的修改

思考与练习

一、选择题

1. 如果要在字符串中过滤关键字 and，可以使用以下（　　）函数。

    A. crypt   B. addslashes   C. str_replace   D. htmlentities

2. XSS 攻击注入的目标不可以是（　　）。

    A. HTML   B. JavaScript   C. PHP   D. XML

3. 下列（　　）函数加密的信息是可以被还原的。

    A. crypt()   B. md5()   C. sha1()   D. urlencode()

二、简答题

1. 为了将一个变量强制转换为整型，需要使用哪个函数？

2. 简述 SQL 注入攻击与 XSS 攻击的区别。

3. htmlentities 与 htmlspecialchars 两个函数的功能是什么？它们有何区别？

第 10 章

学生学籍成绩管理系统开发实例

本章通过对学生学籍成绩管理系统开发主要过程的讲解,让学生对开发软件的流程有一个清晰的认识,进而更好地掌握前面章节所学的内容,本系统采用 PHP＋MySQL 开发而成。

10.1 系统需求分析

目前,我国大中专学校的学生学籍、成绩管理水平普遍不高,有的甚至停留在纸介质状态。这种管理手段浪费了大量的人力和物力,已不能适应当今信息时代的发展。现开发一个信息系统,用来统计和管理二级学院(学系)在读学生的学籍、成绩,帮助教务部门和广大教师提高工作效率,实现学生学籍、成绩管理工作的系统化、规范化和自动化。

本系统设置 3 种用户类型。①系统管理员:由二级学院(学系)教学秘书担任,可实现教师用户、班级信息、学生用户、课程设置信息、开课表的查、增、删、改和学生成绩统计。②任课教师:可查询自己任教班级的学生学籍;可对自己任教课程各学生的成绩进行查、增、删、改;可修改自己的密码。③学生:可查询自己各课程的成绩;可修改自己的密码。不同用户登录后看到的界面是不同的。为此,将整个系统划分为 3 个子系统:系统管理员子系统、任课教师子系统和学生子系统,每个子系统又划分为若干功能模块。

1. 系统管理员子系统

(1) 教师管理:对教师信息进行查、增、删、改。

(2) 班级管理:对班级信息进行查、增、删、改。

(3) 学生学籍管理:对各班学生的学籍进行查、增、删、改。

(4) 课程设置管理:对各专业的课程设置表进行查、增、删、改。

(5) 开课表管理:对各班级各学期的开课表进行查、增、删、改。

(6) 学生成绩统计:当任课教师录入学生各课程成绩后,系统管理员就可查询各班各位学生的全部课程成绩,统计各位学生的总分和平均分,并按照总分进行班级排名。

2. 任课教师子系统

（1）学生学籍查询：查询任教各班级学生的学籍。

（2）学生成绩管理：用于查、增、删、改任教班级任教课程各学生的成绩。

（3）密码修改：修改自己的登录密码。

3. 学生子系统

（1）成绩查询：按学期查询自己各门课程的成绩，并显示总分和平均分。

（2）密码修改：修改自己的登录密码。

10.2 数据库设计

本系统中涉及的主要业务数据有 3 种用户的信息、班级信息、课程设置信息、开课表信息、学生成绩及功能菜单等，相关数据表结构详见表 10-1～表 10-8。

表 10-1 管理员表（admin）

字 段	类型（长度）	空	默认	描 述
adminid	varchar(12)	否	无	用户名，主键
pwd	varchar(12)	否	无	密码

表 10-2 教师表（teacher）

字 段	类型（长度）	空	默认	描 述
teacherid	varchar(10)	否	无	教工号，主键
teachername	varchar(12)	否	无	姓名
pwd	varchar(12)	否	无	密码
level	varchar(8)	否	无	职称
tel	varchar(12)	是	无	联系电话

表 10-3 学生表（student）

字 段	类型（长度）	空	默认	描 述
studentid	varchar(10)	否	无	学号，主键
studentname	varchar(12)	否	无	姓名
pwd	varchar(12)	否	无	密码
sex	varchar(2)	是	无	填：男，女
birthday	date	是	无	出生日期
classid	varchar(6)	否	无	班级序号
credit	int(4)	是	0	总学分

表 10-4 班级表（class）

字 段	类型（长度）	空	默认	描 述
classid	varchar(6)	否	无	班级序号，主键，由 2 位入学年份＋2 位专业号＋2 位班号组成

续表

字　段	类型（长度）	空	默认	描　述
enrollyear	int（4）	否	2016	入学年份
majorname	varchar（10）	否	无	专业名称
classname	varchar（4）	否	无	班名，如1班
num	int（4）	是	0	班人数

表 10-5　课程表（course）

字　段	类型（长度）	空	默认	描　述
courseid	varchar（8）	否	无	课程号，主键，公共课程的课程号唯一，但同一专业课程在不同专业开设，具有不同的课程号
coursename	varchar（20）	否	无	课程名
period	int（4）	否	无	总课时
credit	int（4）	否	1	学分
majorname	varchar（10）	否	无	专业名称、公共课

表 10-6　开课表（offercourse）

字　段	类型（长度）	空	默认	描　述
classid	varchar（6）	否	无	班级序号，主键
courseid	varchar（8）	否	无	课程号，主键
weekhour	int（4）	否	无	周课时
weeknum	decimal（4,1）	否	无	周数
offerterm	varchar（12）	否	无	开课学期，格式形如 2016-2017(2)
teacherid	varchar（10）	是	无	教工号

表 10-7　成绩表（score）

字　段	类型（长度）	空	默认	描　述
studentid	varchar（10）	否	无	学生学号，主键
courseid	varchar（8）	否	无	课程号，主键
score	int（4）	是	0	成绩
offerterm	varchar（12）	否	无	开课学期，格式形如 2016-2017(2)

表 10-8　功能菜单表（menu）

字　段	类型（长度）	空	默认	描　述
id	int（4）	否	无	序号，主键
menuname	varchar（10）	否	无	菜单名
url	varchar（20）	是	无	转向页面
role	varchar（10）	是	无	用户类型

10.3 系统配置和数据库连接

1. 系统配置

在 PC 中安装如下开发环境：①安装并配置集成开发环境 WampServer；②安装 PHP 编辑器 Dreamweaver CS6；③安装数据库管理工具 Navicat_Premium，在 Navicat_Premium 中创建数据库 stu_db，在其中创建 10.2 节中设计的 8 个数据表。

2. 文件架构

使用 Dreamweaver CS6 创建站点 stu_project，在站点中创建网页，系统主要页面如图 10-1 所示。

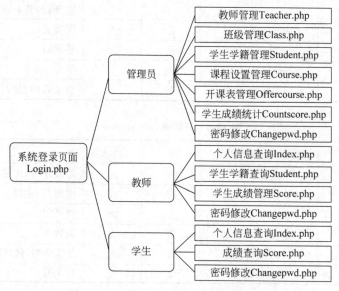

图 10-1　系统主要文件架构图

3. 数据库连接

本系统将数据库连接代码存储在 Fun.php 文件中，其他页面如需使用数据库都要调用本文件，代码如下：

```php
<?php
//连接数据库
header("Content - type:text/html;charset = utf - 8");      //客户端发送原始的 HTTP 报头
$conn = mysqli_connect('localhost','root',",'stu_db');     //连接数据库服务
mysqli_query( $conn,"SET NAMES utf8");                      //设置字符集为 utf8
session_start();                                           //启动 session 会话
?>
```

4. 系统登录页面

系统入口页面是登录页面 Login.php，运行界面如图 10-2 所示。

相关代码如下：

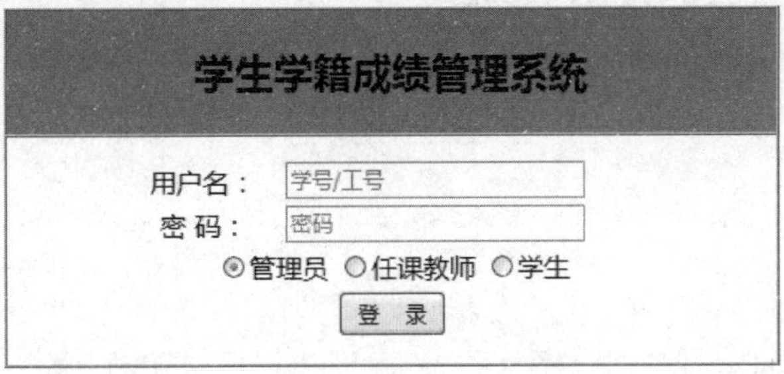

图 10-2　登录页面

```
<head>
<meta http-equiv="Content-Type" content="text/html; charset=utf-8" />
<title>学生学籍成绩管理系统</title>
</head>
<script language="JavaScript">
   if(window.top.location.href!=window.location.href)
   {
     window.top.location.href = window.location.href;
   }
</script>
<body>
<form action="" method="post">
<table width="35%" border="1" align="center" cellspacing="0" bordercolor="#
328EBE">
  <tr>
    <td align="center" valign="middle" bgcolor="#328EBE"><h2>学生学籍成绩管理系统
    </h2></td>
  </tr>
  <tr>
    <td height="133">
    <table width="328" border="0" align="center">
      <tr>
        <td width="98" height="30" align="center">用户名：</td>
        <td width="230" height="30"><input name="userid" type="text" size="26"
        placeholder="学号/工号"/></td>
      </tr>
      <tr>
        <td height="30" align="center">密 码：</td>
        <td height="30"><input name="password" type="password" size="26" placeholder=
        "密码"/></td>
      </tr>
      <tr>
        <td height="30" colspan="2" align="center">
         <input name="role" type="radio" value="admin" checked="checked" />管理员
         <input type="radio" name="role" value="teacher" />任课教师
         <input type="radio" name="role" value="student" />学生
        </td>
      </tr>
        <td height="30" colspan="2" align="center"><input type="submit" name="
```

```
          login" value = "登 录" /></td>
        </tr>
      </table>
      </td>
    </tr>
  </table>
</form>
<?php
    session_start();                              //启动会话
    session_destroy();                            //删除会话所占空间
    include "Fun.php";                            //调用 Fun.php 文件
    if(isset( $_POST["login"]))
    {
        $role = $_POST["role"];                   //获取用户类别
        $userid = trim( $_POST["userid"]);        //获取用户名
        $pwd = trim( $_POST["password"]);         //密码
        $sql = "select * from $role where ". $role."id = '$userid' and pwd = '$pwd'";
        $result = mysqli_query( $conn, $sql);
        $row = mysqli_fetch_array( $result);
        if( $row)
        {
            //登录成功则把用户类别及用户名写入 SESSION
            $_SESSION["role"] = $role;
            $_SESSION["userid"] = $userid;
            echo "< script > location. href = 'Index.php';</script >";
        }
        else
        {
            echo "< script > alert('用户名或密码错!');location. href = 'login.php';</script >";
        }
    }
?>
</body>
```

5. 用户权限主页

用户登录后进入用户权限主页 Index.php，Index.php 是一个框架集文件，包含 4 个框架，框架 top 用于显示 Top.php 网页，框架 menu 用于显示 Menu.php 网页，框架 foot 用于显示 Foot.php 网页，框架 main 用于显示各子系统（子目录）下的文件。其代码如下：

```
< html >
< head >
< meta http - equiv = "Content - Type" content = "text/html; charset = utf - 8">
< title >学生学籍成绩管理系统</title >
</head >
<?php include "IsLogin.php";        //判断用户是否登录
< frameset rows = "106, * ,26" cols = " * " frameborder = "no" border = "0" framespacing = "0">
  < frame name = "top" scrolling = "no" noresize src = "Top.php" >
    < frameset rows = " * " cols = "190, * " framespacing = "0" frameborder = "NO" border = "0" id =
```

```
"myFrame">
    < frame name = "menu" noresize scrolling = "auto" src = "Menu.php">
    < frame name = "main" scrolling = "auto" src = "<?php echo @ $_SESSION['role'].'/Index.
    php';?>" >
    </frameset>
    < frame name = "foot" noresize scrolling = "no" src = "Foot.php">
</frameset>
< noframes >
< body >
</body>
</noframes>
</html>
```

（1）Top.php 文件：为页面顶部，同时显示当前登录用户的信息，主要代码如下。

```
< body >
    < div class = "header">
        < label class = "logo - title">学生学籍成绩管理系统</label >
    </div >
    < div class = "nav">
    <?php
        session_start();
        $role = "管理员";
        if( $_SESSION["role"] == "teacher") $role = "教师";
        if( $_SESSION["role"] == "student") $role = "学生";
        echo "当前用户类别: ". $role.",用户名: ". $_SESSION["userid"];
    ?>
    </div >
</body >
```

（2）Menu.php 文件：为功能菜单页，本系统把功能菜单存放在数据库中，不同的登录用户显示不同的菜单，根据图 10-1 为功能菜单表（menu）输入记录，如表 10-9 所示。

表 10-9　功能菜单表（menu）的内容

id	menuname	url	role
1	教师管理	Teacher.php	admin
2	班级管理	Class.php	admin
3	学生学籍管理	Student.php	admin
4	课程设置管理	Course.php	admin
5	开课表管理	Offercourse.php	admin
6	学生成绩统计	Countscore.php	admin
7	密码修改	../Changepwd.php	admin
8	退出	../LoginOut.php	admin
9	个人信息查询	Index.php	teacher
10	学生学籍查询	Student.php	teacher
11	学生成绩管理	Score.php	teacher
12	密码修改	../Changepwd.php	teacher

续表

id	menuname	url	role
13	退出	../LoginOut.php	teacher
14	个人信息查询	Index.php	student
15	成绩查询	Score.php	student
16	密码修改	../Changepwd.php	student
17	退出	../LoginOut.php	student

主要代码如下：

```
<body>
<div class = "menu">
    <div class = "accordion - group">
        <div class = "accordion - title">
            <img class = "menu - icon" src = "images/settings.png" /><span class = "menu -
            title">管理菜单</span>
        </div>
    <?php
    include "Fun.php";
        if(isset( $_SESSION["role"]))
        {
            $sql = "select * from menu where role = '". $_SESSION["role"]."'";
            $result = mysqli_query( $conn, $sql);
            $row = mysqli_fetch_array( $result);
            //$row 为数组名,键名可以是整数和字段名
            while( $row)
            {
    ?>
        <div class = "accordion - inner">
        <img class = "menu - icon - child" src = " images/menu - icon - child. png" /><span
        class = "menu - body"> <a href = "<?php echo @ $_SESSION["role"] ?>/<?php echo @ $row
        ["url"] ?>" target = "main"><?php echo @ $row["menuname"] ?> </a></span>
        </div>
    <?php
            $row = mysqli_fetch_array( $result);
            }

            mysqli_free_result( $result);
            mysqli_close( $conn);
        }
    ?>
    </div>
</div>
</body>
```

（3）Foot.php 文件：为页面底部,显示版权信息,主要代码如下。

```
<link href = "styles/Index.css" rel = "stylesheet" />
<div class = "nav">技术支持:计算机系</div>
```

（4）IsLogin.php 文件：判断用户是否登录，在子系统的各个网页中调用，主要代码如下。

```php
<?php
  if(!isset($_SESSION["role"]))        //判断用户是否登录,否则转用户登录页面
  {
     echo "<script>alert('你还没有登录!');location.href = '/stu_project/login.php';</script>";
  }
?>
```

（5）LoginOut.php 文件：为 3 类用户的退出页面，相关代码如下。

```html
<meta http-equiv = "Content-Type" content = "text/html; charset = utf-8" />
<script language = "javascript">
   x = window.confirm("您确定要退出吗?");
   if(x == true) window.top.location.href = "Login.php";
</script>
```

（6）Changepwd.php 文件：为 3 类用户的密码修改页面，主要代码如下。

```php
<head>
<meta http-equiv = "Content-Type" content = "text/html; charset = utf-8" />
<script src = "scripts/Com.js"></script>
<title>无标题文档</title>
</head>
<body>
<center><font style = "font-family:'华文新魏'; font-size:20px">密码修改</font></center>
<?php
    include "Fun.php";                      //调用 Fun.php 文件
    if(isset($_POST["update"]))             //判断是否单击"修改"按钮
    {
        $test = 1;                          //只要 $test = 0,则表单信息就无法提交
        $role = $_SESSION["role"];          //获取用户类别
        $userid = $_SESSION["userid"];      //获取用户名
        $pwd = $_POST["password"];          //获取原密码
        $newpwd = $_POST["password1"];      //获取新密码
        $confirm = $_POST["password2"];     //获取确认密码
        //若正则表达式含^、$,只有正则表达式与字符串完全匹配,该函数才返回1
        if($pwd == "") { $pwd1 = "必须输入原密码!"; $test = 0;}
        else
        { $sql = "select * from ".$role." where ".$role."id = '".$userid."' and pwd =
        '$pwd'";
             $result = mysqli_query($conn, $sql);
             if (mysqli_num_rows($result) == 0)
             { $pwd1 = "输入的原密码不存在,请重输!"; $test = 0;}
        }
        if($newpwd == "") { $newpwd1 = "必须输入新密码!"; $test = 0;}
        if (strcmp($newpwd, $confirm)!= 0) { $confirm1 = "确认密码必须与新密码相同!";
        $test = 0;}
        if ( $test == 1)
        {
            $sql = "update ".$role." set pwd = '$newpwd' where ".$role."id = '".$userid."'";
```

```
                    mysqli_query( $conn, $sql);
                    echo "< script language = 'javascript'> alert('修改成功!');</script>";
            }
    }
?>
< form name = "form1" method = "post" action = "">
    < table width = "500" border = "1" align = "center" cellspacing = "0" bordercolor = "＃328EBE">
        < tr >
            < td width = "150" height = "30" align = "center">原密码</td>
            < td width = "350" height = "30">< input type = "password" name = "password" value =
            "<?php echo @ $pwd; ?>"/><?php echo "< font size = '2' color = 'FF0000'>". @ $pwd1.
            "</font>";?></td>
        </tr>
        < tr >
            < td width = "150" height = "30" align = "center">新密码</td>
            < td width = "350" height = "30">< input type = "password" name = "password1" value =
            "<?php echo @ $newpwd; ?>"/><?php echo "< font size = ' 2 ' color = ' FF0000 '>". @
            $newpwd1."</font>";?></td>
        </tr>
        < tr >
            < td width = "150" height = "30" align = "center">确认密码</td>
            < td width = "350" height = "30">< input type = "password" name = "password2" value =
            "<?php echo @ $confirm; ?>"/><?php echo "< font size = '2' color = 'FF0000'>". @
            $confirm1."</font>";?></td>
        </tr>
        < tr >
            < td height = "30" colspan = "2" align = "center">
            < input type = "submit" name = "update" value = "修 改" />
            </td>
        </tr>
    </table>
</form>
</body>
```

（7）Com.js 文件：为 JavaScript 脚本页面，存放于 scripts 文件夹中，主要代码如下。

```
//检查是否选择"全选"按钮
function checkall(form)
{
    for (var i = 0;i < form. elements. length;i++)
    {
        var e = form. elements[i];
        if (e. name != 'CBox' && e. type == 'checkbox')
            e. checked = form. CBox. checked;
    }
}
//弹出对话框确认删除
function delcfm()
{
    if (!confirm("确认要删除?"))
```

```
    {
            window.event.returnValue = false;
    }
}
//检查两次密码是否一致
function check()
{
    if(document.form1.password1.value == "")
    {   alert("请输入新密码!");
            document.form1.password1.focus();
        return false;
    }
    if(document.form1.password2.value == ""  ||
    document.form1.password2.value!= document.form1.password1.value)
    {   alert("两次输入的密码不一致!");
            document.form1.password2.focus();
        return false;
    }
}
```

10.4　系统管理员子系统的实现

当系统管理员登录后,用户权限主页 Index.php 的运行界面如图 10-3 所示。单击左边的功能菜单,就会在右边显示执行结果。

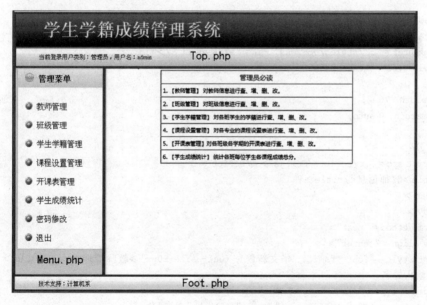

图 10-3　用户权限主页

10.4.1　教师管理

1. Teacher.php 教师查询、删除页面

系统首先分页查询全部教师的信息;若输入姓名的关键字,则模糊查询姓名中含有该关键字的所有教师信息。运行界面如图 10-4 所示。

工号	姓名	密码	职称	联系电话	删除
2000000096	黄斌	123	讲师	12345678901	☐
2000000110	贺娟	123	讲师		☐
2000000202	李逸	123	讲师		☐
2010000001	邱伟	123	副教授		☐
2010000725	王兰	123	讲师		☐
2010000726	李霞	123	讲师		☐
2010000744	陈汉忠	123	副教授		☐
2010000781	陈英	123	讲师		☐
2013000146	邵兵	123	讲师		☐
2013000526	陈晓	123	讲师		☐

请输入姓名：[____] [查询]

1 2 3 下一页 共3页

[添加] [删除]

图 10-4 教师查询页面

每一页显示多条教师记录,其中在教工号中出现超链接,页面的底部显示"添加""删除"按钮。若选择某些教师记录,并单击"删除"按钮,则删除选中的教师记录;若单击"添加"按钮,就显示记录添加页面;若单击某条记录的超链接,就显示该记录的修改页面。

相关代码如下：

```html
<head>
<meta http-equiv = "Content-Type" content = "text/html; charset = utf-8" />
<link href = "../styles/com.css" rel = "stylesheet" />
<style type = "text/css">
table {
    width: 70%;
    margin: 0 auto;
}
</style>
<script src = "../scripts/Com.js"></script>
<title>教师信息</title>
</head>
<body>
<form method = "post">
<div align = "center">
<font style = "font-family:'华文新魏'; font-size:20px">教师管理</font><br>
    请输入姓名：
    <input type = "text" name = "name" />
    <input name = "search" type = "submit" value = "查询"/>
<table>
<thead>
    <tr>
        <th width = "20%">工号</th>
        <th width = "15%">姓名</th>
        <th width = "15%">密码</th>
        <th width = "15%">职称</th>
```

```
                <th width = "20%">联系电话</th>
                <th width = "15%">删除< input type = 'checkbox' id = 'CBox' onClick = 'checkall(this.
                form)'/></th>
        </tr>
    </thead>
<?php
    include "../Fun.php";                           // $conn 的作用局限于主程序,不能在函数内部使用
    include "../IsLogin.php";
    function loadinfo( $sqlstr)
    {
        global $conn;                               //将主程序定义的 $conn 声明为全局变量
        $result = mysqi_query( $conn, $sqlstr);     //查询数据库
        $total = mysqli_num_rows( $result);         //获取所查询记录的总数
        if (isset( $_REQUEST["search"])) $page = 1;
        else $page = isset( $_GET['page'])?intval( $_GET['page']):1;
        //获取地址栏中 page 的值,不存在则设为 1
        $num = 10;                                  //每页显示 10 条记录
        $url = 'Teacher.php';                       //本页 URL
        //页码计算
        $pagenum = ceil( $total/ $num);    //获得总页数,ceil()返回不小于 x 的最小整数页
        $prepg = $page - 1;                         //上一页
        $nextpg = ( $page == $pagenum? 0: $page + 1);    //下一页
        $new_sql = $sqlstr." limit ".( $page - 1) * $num.",". $num;
        //按每页记录数生成查询语句
        $new_result = mysqli_query( $conn, $new_sql);
        if( $new_row = @mysqli_fetch_array( $new_result))
        {                                           //若有查询结果,则以表格形式输出
            do
            {   list( $id, $name, $pwd, $level, $tel) = $new_row;    //数组的键名从 0 开始
                echo "<tr>";
                echo "<td width = '20%'><a href = 'teacher_update.php?id= $id'>$id</a>
                </td>";
                echo "<td width = '15%'>$name</td>";
                echo "<td width = '15%'>$pwd</td>";
                echo "<td width = '15%'>$level</td>";
                echo "<td width = '20%'>$tel</td>";
                echo "<td width = '15%'>< input type = 'checkbox' name = 'T_id[]' value = '$id'/>
                </td>";
                echo "</tr>";
            }while( $new_row = mysqli_fetch_array( $new_result));
            //开始分页导航条代码
              $pagenav = "";
            if( $prepg)
                $pagenav .= "<a href = '$url?page= $prepg'>上一页</a> ";
            for( $i = 1; $i <= $pagenum; $i++)
            {
                if( $page == $i) $pagenav .= "<B><font color = '#FF0000'> $i</font></B>
                 ";
                else $pagenav .= " <a href = '$url?page= $i'> $i"." </a>";
            }
            if( $nextpg)
```

```
                    $pagenav. = " < a href = '$url?page = $nextpg'>下一页</a>";
              $pagenav. = "  共". $pagenum."页";
              //输出分页导航
              echo "< tr > < td colspan = '6' align = 'center'>". $pagenav."</td></tr>";
          }
          else
              echo "< tr > < td colspan = '6' align = 'center'>暂无记录</td></tr>";
      }
      if(isset( $_POST["del"]))                   //单击"删除"按钮,删除所选数据并重新加载数据
      {
          $id = @ $_POST["T_id"];                //$id 为数组名
          if(! $id) echo "< script > alert('请至少选择一条记录!');</script>";
          else{
                  $num = count( $id);            //使用 count()函数取得数组中值的个数
                  for( $i = 0; $i < $num; $i++)    //使用 for 循环语句删除所选数据
                  { //若要删除教工号为 A 的教师,除非开课表中没有教工号为 A 的任教信息
                   $sql = "select * from offercourse where teacherid = '$id[ $i]'";
                   $rs0 = mysqli_query( $conn, $sql);
                   if (mysqli_num_rows( $rs0) == 0)
                   {
                     $delsql = "delete from teacher where teacherid = '$id[ $i]'";
                     mysqli_query( $conn, $delsql);
                   }
                  }
                  echo "< script > alert('操作完成!');</script>";
          }
      }
      $sql = "select * from teacher";
      $sql = $sql." where teachername like '%".@ $_POST["name"]."%' order by teacherid";
      loadinfo( $sql);                            //加载显示数据
      if(isset( $_POST["add"]))                    //单击"添加"按钮转教师添加、修改页面
      {
          echo "< script > location. href = 'teacher_add.php';</script>";
      }

?>
          < tr >
              < td colspan = '6' align = "center">
              < input type = 'submit' name = 'add' value = '添加' />     
              < input type = 'submit' name = 'del' value = '删除' onClick = "delcfm()" />
              </td>
          </tr>
  </table >
  </div >
  </form >
  </body >
```

2. Teacher_add.php 教师添加页面

使用 PHP 脚本验证表单数据,当添加一位教师时,先检查教师表是否存在该教工号,

如果该教工号已存在，则提示重新输入。运行界面如图 10-5 所示。

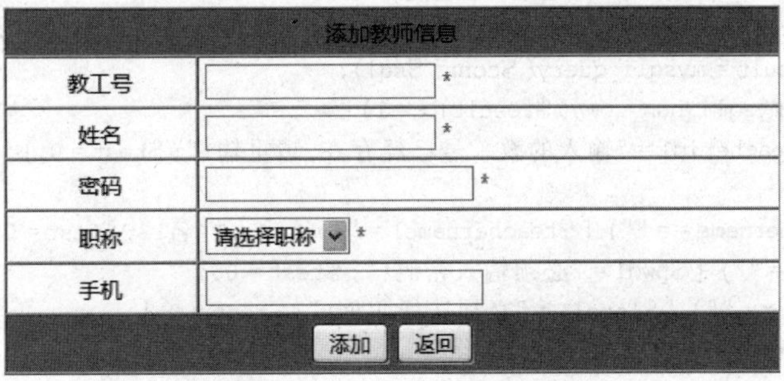

图 10-5 添加教师页面

相关代码如下：

```html
<head>
<meta http-equiv="Content-Type" content="text/html; charset=utf-8" />
<title>教师添加</title>
<script src="../scripts/Com.js"></script>
<style type="text/css">
<!--
  .STYLE1 {color: #FF0000}
  #table2 {
      width: 500px;
      margin: 0 auto;
  }
  body,td,th {
      font-size: 14px;
  }
-->
</style>
<div style='Display:none'>
<?php
include "../Fun.php";                        //选择数据库
include "../IsLogin.php";                     //判断用户是否登录
?>
</div>
</head>
<body>
<?php
  if (isset($_REQUEST["add"]))
  {
    $test = 1;                                //只要$test=0,则表单信息就无法提交
    $teacherid = $_REQUEST["teacherid"];
    $teachername = $_REQUEST["teachername"];
    $pwd = $_REQUEST["pwd"];
    $level = $_REQUEST["level"];
    $tel = $_REQUEST["tel"];
    //若正则表达式含^、$,只有正则表达式与字符串完全匹配,该函数才返回1
    if( $teacherid == "" ) { $teacherid1 = "必须输教工号!"; $test = 0;}
```

```php
        elseif(preg_match('/^\d{10} $/', $teacherid) == 0)
        { $teacherid1 = "教工号必须为 10 位数字!"; $test = 0;}
        else{ $sql = "select * from teacher where teacherid = '$teacherid'";
              $result = mysqli_query( $conn, $sql);
              if (mysqli_num_rows( $result)>= 1)
              { $teacherid1 = "输入的教工号已经存在,请重输!"; $test = 0;}
        }
        if ( $teachername == "") { $teachername1 = "必须输入姓名!"; $test = 0;}
        if ( $pwd == "") { $pwd1 = "必须输入密码!"; $test = 0;}
        if ( $level == "") { $level1 = "必须选择职称!"; $test = 0;}
        if ( $test == 1)
        { $sql = "insert into teacher
          values('$teacherid','$teachername','$pwd','$level','$tel')";
          mysqli_query( $conn, $sql);
          echo "< script language = 'javascript'> alert('插入成功!');</script>";
        }
    }
?>
```

```html
< table border = "0" cellpadding = "0" cellspacing = "0" width = "100 %" id = "table1">
  < tr >
    < td > < form action = "" method = "post" name = "form1" >
    < table border = "1" cellpadding = "4" cellspacing = "0" width = "500px" id = "table2"
    bordercolor = "♯328EBE">
        < tr >
          < td colspan = "2" align = "center" bgcolor = "♯328EBE"> 添加教师信息</td>
        </tr >
        < tr >
          < td width = "25 %" align = "center" >教工号</td>
          < td width = "75 %" align = "left">< input type = "text" name = "teacherid" id =
          "teacherid" /> < font color = "♯FF0000"> * </font ><?php echo "< font size = '2' color
          = 'FF0000'>". @ $teacherid1."</font >";?></td>
        </tr >
        < tr >
          < td width = "25 %" align = "center">姓名</td >
          < td width = "75 %" align = "left">< input type = "text" name = "teachername" id =
          "teachername" />
            < font color = "♯FF0000"> * </font ><?php echo "< font size = '2' color = 'FF0000'>".
            @ $teachername1."</font >";?>
          </td>
        </tr >
        < tr >
          < td width = "25 %" align = "center">密码</td>
          < td width = "75 %" align = "left">< input type = "password" name = "pwd" size = "24"
          value = "" id = "pwd"/>
            < font color = "♯FF0000"> * </font ><?php echo "< font size = '2' color = 'FF0000'>".
            @ $pwd1."</font >";?> </td >
        </tr >
        < tr >
          < td width = "25 %" align = "center">职称</td>
          < td width = "75 %" align = "left">< select name = "level" id = "level">
            < option value = "">请选择职称</option >
```

```
              <option>助教</option>
              <option>讲师</option>
              <option>副教授</option>
              <option>教授</option>
          </select>
            <font color = "#FF0000"> * </font><?php echo "<font size = '2' color = 'FF0000'>".
            @ $level1."</font>";?></td>
        </tr>
        <tr>
          <td width = "25%" align = "center">手机</td>
          <td width = "75%" align = "left"><input type = "text" name = "tel" size = "25" value =
          "" id = "tel"/></td>
        </tr>
        <tr>
          <td colspan = "2" align = "center" bgcolor = "#328EBE">
          <input type = "submit" name = "add" value = "添加" />
          <input type = "reset" name = "back2" value = "返回" onclick = "location. href =
          'teacher.php'"/>
          </td>
        </tr>
    </table></form></td>
  </tr>
</table>
</body>
```

3. Teacher_update.php 修改教师信息页面

首先接收从 Teacher.php 页面传送过来的教工号,然后显示该教师的教工号、姓名、密码、职称和手机号码。教工号是主键,不能修改,但允许管理员修改教师的其他信息。运行界面如图 10-6 所示。

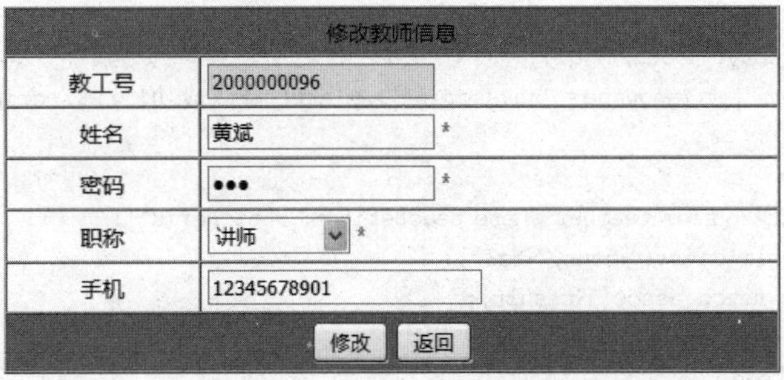

图 10-6　修改教师信息页面

相关代码如下:

```
<head>
<meta http - equiv = "Content - Type" content = "text/html; charset = utf - 8" />
<title>教师修改</title>
<script src = "../scripts/Com. js"></script>
<style type = "text/css">
<! --
.STYLE1 {color: #FF0000}
```

```
#table2 {
    width: 500px;
    margin: 0 auto;
}
body, td, th { font - size: 14px; }
-->
</style>
<div style='Display:none'>
<?php
  include "../Fun.php";                    //选择数据库
  include "../IsLogin.php";                 //判断用户是否登录
?>
</div>
</head>
<body>
<?php
  $teacherid = $_REQUEST["id"];            //教工号是主键,不能修改
  if (isset($_REQUEST["update"]))
  {
    $test = 1;                             //只要$test = 0,表单信息就无法提交
    $teachername = $_REQUEST["teachername"];
    $pwd = $_REQUEST["pwd"];
    $level = $_REQUEST["level"];
    $tel = $_REQUEST["tel"];
    //若正则表达式含^、$,只有正则表达式与字符串完全匹配,该函数才返回1
    if ($teachername == "") { $teachername1 = "必须输入姓名!"; $test = 0;}
    if ($pwd == "") { $pwd1 = "必须输入密码!"; $test = 0;}
    if ($level == "") { $level1 = "必须选择职称!"; $test = 0;}
    if ($test == 1)
    { $sql = "update teacher set teachername = '$teachername', pwd = '$pwd', level = '$level',
      tel = '$tel' where teacherid = '$teacherid'";
      mysqli_query($conn, $sql);
      echo "<script language = 'javascript'> alert('修改成功!');</script>";
    }
  }
  $sql = "select * from teacher where teacherid = '$teacherid'";
  $result = mysqli_query($conn, $sql);
  $row = mysqli_fetch_assoc($result);
  $teachername = $row["teachername"];
  $pwd = $row["pwd"];
  $level = $row["level"];
  $tel = $row["tel"];
?>
<table border = "0" cellpadding = "0" cellspacing = "0" width = "100%" id = "table1">
  <tr>
    <td><form action = "" method = "post" name = "form1">
    <table border = "1" cellpadding = "4" cellspacing = "0" width = "500px" id = "table2"
    bordercolor = "#328EBE">
        <tr>
          <td colspan = "2" align = "center" bgcolor = "#328EBE"> 修改教师信息</td>
        </tr>
```

```
<tr>
  <td width = "25%" align = "center">教工号</td>
  <td width = "75%" align = "left"><input name = "id" type = "text" id = "id" readonly =
  "readonly" value = "<?php echo $teacherid;?>"/></td>
</tr>
<tr>
  <td width = "25%" align = "center">姓名</td>
  <td width = "75%" align = "left"><input type = "text" name = "teachername" id =
  "teachername" value = "<?php echo $teachername;?>"/>
    <font color = "#FF0000">*</font><?php echo "<font size = '2' color = 'FF0000'>".
    @ $teachername1."</font>";?>
  </td>
</tr>
<tr>
  <td width = "25%" align = "center">密码</td>
  <td width = "75%" align = "left"><input type = "password" name = "pwd" id = "pwd"
  value = "<?php echo $pwd;?>"/>
    <font color = "#FF0000">*</font><?php echo "<font size = '2' color = 'FF0000'>".
    @ $pwd1."</font>";?></td>
</tr>
<tr>
  <td width = "25%" align = "center">职称</td>
  <td width = "75%" align = "left"><select name = "level" id = "level">
    <option value = "">请选择职称</option>
    <option <?php if ( $level == "助教") echo "selected";?>>助教</option>
    <option <?php if ( $level == "讲师") echo "selected";?>>讲师</option>
    <option <?php if ( $level == "副教授") echo "selected";?>>副教授</option>
    <option <?php if ( $level == "教授") echo "selected";?>>教授</option>
  </select>
    <font color = "#FF0000">*</font><?php echo "<font size = '2' color = 'FF0000'>".
    @ $level1."</font>";?></td>
</tr>
<tr>
  <td width = "25%" align = "center">手机</td>
  <td width = "75%" align = "left"><input type = "text" name = "tel" size = "25" id =
  "tel" value = "<?php echo $tel;?>"/></td>
</tr><tr>
  <td colspan = "2" align = "center" bgcolor = "#328EBE">
  <input type = "submit" name = "update" value = "修改" id = "update" />
  <input type = "reset" name = "back2" value = "返回" onclick = "location. href =
  'teacher.php'"/>
  </td>
</tr>
</table></form></td>
</tr>
</table>
</body>
```

10.4.2 班级管理

1. Class.php 班级查询、删除页面

系统首先分页查询全部班级的信息,若输入专业名称的关键字,则模糊查询相应专业的

班级信息。选择班级记录,并单击"删除"按钮,即删除选中的班级记录;单击"添加"按钮,显示记录添加页面;单击某条记录的超链接,显示该记录的修改页面。运行界面如图 10-7 所示。

图 10-7　班级查询删除页面

相关代码如下:

```html
< head >
< meta http - equiv = "Content - Type" content = "text/html; charset = utf - 8" />
< link href = "../styles/com.css" rel = "stylesheet" />
< style type = "text/css">
table {
    width: 70 % ;
    margin: 0 auto;
}
</style >
< script src = "../scripts/Com.js"></script >
< title>班级信息</title >
</head >
< body >
< form method = "post" name = "form1">
< div align = "center">
< font style = "font - family:'华文新魏'; font - size:20px" >班级管理</font ><br>
请输入专业名称:
    < input name = "major" type = "text" id = "major" size = "20" />
    < input name = "search" type = "submit" value = "查询"/>
< table >
< thead >
  < tr >
    < th width = "20 % ">班级序号</th>
    < th width = "10 % ">入学年份</th>
    < th width = "25 % ">专业名称</th>
    < th width = "15 % ">班名</th>
    < th width = "10 % ">班人数</th>
```

```
    <th width = "20%">删除<input type = 'checkbox' id = 'CBox' onClick = 'checkall(this.form)'/>
    </th>
  </tr>
</thead>
<?php
  include "../Fun.php";                          //连接数据库
  include "../IsLogin.php";
  function loadinfo( $sqlstr)
  {
      global $conn;                              //将主程序定义的 $conn 声明为全局变量.
      $result = mysqli_query( $conn, $sqlstr);
      $total = mysqli_num_rows( $result);        //记录总条数 $total
      if (isset( $_REQUEST["search"])) $page = 1;    //单击"查询"按钮,总是从第 1 页开始显示
      else $page = isset( $_REQUEST['page'])?intval( $_REQUEST['page']):1;
      //获取地址栏中 page 的值,若不存在则设为 1
      $num = 10;                                 //每页显示 10 条记录
      $url = 'Class.php';                        //本页 URL
      //页码计算
      $pagenum = ceil( $total/ $num);       //获得总页数,ceil()返回不小于 x 的最小整数
      $page = min( $pagenum, $page);             //获当前页,min()取得较小数
      $prepg = $page - 1;                        //上一页
      $nextpg = ( $page == $pagenum? 0: $page + 1);   //下一页
      //limit m,n: 从 m + 1 号记录开始,共检索 n 条记录
      $new_sql = $sqlstr." limit ".( $page - 1) * $num.",". $num;   //按每页记录数生成查询语句
      $new_result = mysqli_query( $conn, $new_sql);
      if( $new_row = @mysqli_fetch_array( $new_result))
      {
          //若有查询结果,则以表格形式输出
          do
          {
           list( $classid, $enrollyear, $major, $classname, $num) = $new_row;
           //数组的键名从 0 开始
              echo "<tr>";
              echo "<td width = '20%'><a href = 'class_update.php?id = $classid'>$classid</a>
              </td>";
              echo "<td width = '10%'>$enrollyear</td>";
              echo "<td width = '25%'>$major</td>";
              echo "<td width = '15%'>$classname</td>";
              echo "<td width = '10%'>$num</td>";
              echo "<td width = '20%'><input type = 'checkbox' name = 'T_id[]' value = '$classid'/>
              </td>";
              echo "</tr>";
          }while( $new_row = mysqli_fetch_array( $new_result));
          //开始分页导航条代码
           $pagenav = "";
          if( $prepg) //如果当前显示第一页,则不会出现 "上一页"
              $pagenav .= "<a href = '$url?page = $prepg'>上一页</a>";
          for( $i = 1; $i <= $pagenum; $i++) //$pagenum 为总页数
          {
              if( $page == $i) $pagenav .= "<b><font color = '#FF0000'>$i</font></b>
               ";
```

```
                else $pagenav. = "<a href = '$url?page = $i'>$i"." </a>";
            }
            if( $nextpg) //如果当前显示最后一页,则不会出现 "下一页"
                $pagenav. = "<a href = '$url?page = $nextpg'>下一页</a>";
            $pagenav. = "  共". $pagenum."页";
            //输出分页导航
            echo "<tr><td colspan = '6' align = 'center'>". $pagenav."</td></tr>";
        }
        else
            echo "<tr><td colspan = '6' align = 'center'>暂无记录</td></tr>";
    }
    if(isset( $_POST["del"]))                    //单击"删除"按钮,删除所选数据并重新加载数据
    {
        $id = @ $_POST["T_id"];                   //$id 为数组名
        if(! $id) echo "<script>alert('请至少选择一条记录!');</script>";
        else{
            $num = count( $id);                   //使用 count()函数取得数组中值的个数
            for( $i = 0; $i<$num; $i++)            //使用 for 循环语句删除所选数据
            {
                //要删除班级序号为 A 的记录,除非学生表、开课表中尚没有班级序号为 A 的记录
                $sql = "select * from student where classid = '$id[ $i]'";
                $rs0 = mysqli_query( $conn, $sql);
                $sql = "select * from offercourse where classid = '$id[ $i]'";
                $rs1 = mysqli_query( $conn, $sql);
                if (mysqli_num_rows( $rs0) == 0 && mysqli_num_rows( $rs1) == 0)
                { $delsqli = "delete from class where classid = '$id[ $i]'";
                  mysqli_query( $conn, $delsql);
                }
            }
        echo "<script>alert('操作完成!');</script>";
        }
    }
    $major = @ $_REQUEST["major"];
    if ( $major == "") $sql = "select * from class order by classid";
    else $sql = "select * from class where majorname like '%". $major." % ' order by classid";
    loadinfo( $sql);
    if(isset( $_POST["add"]))       //单击"添加"按钮转向班级增加页面
    {
        echo "<script>location. href = 'class_add.php';</script>";
    }
?>
    <tr>
    <td colspan = "6" align = "center"><input type = "submit" name = "add" value = "添加"/>
        <input type = 'submit' name = "del" value = "删除" onClick =
    "delcfm()" /></td>
    </tr>
</table>
</div>
</form>
</body>
```

2. Class_add.php 班级添加页面

使用 PHP 脚本验证表单数据,当添加一个班级时,先检查班级表是否存在该班级序号,如果该班级序号已存在,则提示重输。运行界面如图 10-8 所示。

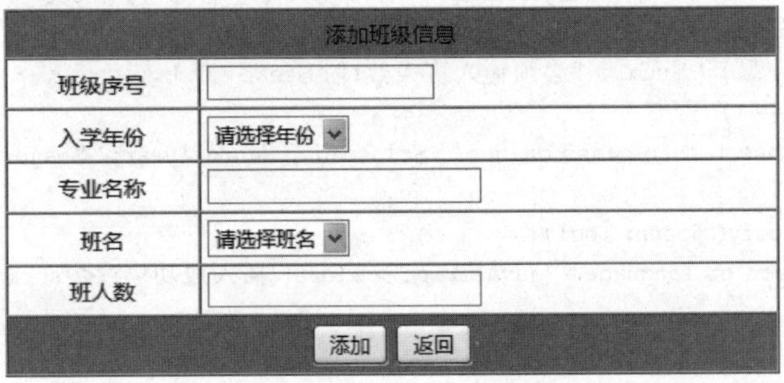

图 10-8 班级添加页面

相关代码如下:

```
< head >
< meta http – equiv = "Content – Type" content = "text/html; charset = utf – 8" />
< title >班级添加</title >
< script src = "../scripts/Com.js"></script >
< style type = "text/css">
<! --
.STYLE1 {color: #FF0000}
#table2 {
    width: 500px;
    margin: 0 auto;
}
body, td, th {
    font – size: 14px;
}
 -->
</style >
< div style = 'Display:none'>
<?php
  if (isset( $_REQUEST["add"]))
  {
    $test = 1;                              //只要 $test = 0,表单信息就无法提交
    $classid = $_REQUEST["classid"];
    $enrollyear = $_REQUEST["enrollyear"];
    $majorname = $_REQUEST["majorname"];
    $classname = $_REQUEST["classname"];
    $num = $_REQUEST["num"];
    //若正则表达式含^、$,只有正则表达式与字符串完全匹配,该函数才返回 1
    if( $classid == "") { $classid1 = "必须输入班级序号!"; $test = 0;}
    elseif(preg_match('/^\d{6} $/', $classid) == 0)
    { $classid1 = "班级序号必须为 6 位数字!"; $test = 0;}
        else { $sql = "select * from class where classid = '$classid'";
                $result = mysqli_query( $conn, $sql);
```

```php
                            if (mysqli_num_rows( $result)> = 1)
                            { $classid1 = "输入的班级序号已经存在,请重输!"; $test = 0;}
                        }
            if ( $enrollyear == "") { $enrollyear1 = "必须选择入学年份!"; $test = 0;}
            if ( $majorname == "") { $majorname1 = "必须输入专业名称!"; $test = 0;}
            if ( $classname == "") { $classname1 = "必须选择班名!"; $test = 0;}
            if ( $num == "") { $num1 = "必须输入班人数!"; $test = 0;}
            if ( $test == 1)
            { $sql = "insert into class values(' $classid', $enrollyear, ' $majorname', ' $classname',
              $num)";
              mysqli_query( $conn, $sql);
              echo "< script language = 'javascript'> alert('插入成功!');</script >";
            }
        }
    ?>
< table border = "0" cellpadding = "0" cellspacing = "0" width = "100 % " id = "table1">
  < tr >
    < td > < form action = "" method = "post" name = "form1" >
    < table border = "1" cellpadding = "4" cellspacing = "0" width = "500px" id = "table2"
    bordercolor = " #328EBE">
        < tr >
            < td colspan = "2" align = "center" bgcolor = " #328EBE"> 添加班级信息</td>
        </tr >
        < tr >
            < td width = "25 %" align = "center" >班级序号</td>
            < td width = "75 %" align = "left"> < input type = "text" name = "classid" id =
            "classid" /><?php echo "< font size = '2' color = 'FF0000'>". @ $classid1."</font >";
             ?></td>
        </tr >
        < tr >
         <?php $x = getdate();
                $year = $x["year"]; ?>
            < td width = "25 %" align = "center">入学年份</td>
            < td width = "75 %" align = "left">< select name = "enrollyear" id = "enrollyear">
              < option value = "">请选择年份</option >
              < option ><?php echo $year - 3;?></option >
              < option ><?php echo $year - 2;?></option >
              < option ><?php echo $year - 1;?></option >
              < option ><?php echo $year;?></option >
            </select ><?php echo "< font size = '2' color = 'FF0000'>". @ $enrollyear1."</font
            >";?>
            </td >
        </tr >
        < tr >
            < td width = "25 %" align = "center">专业名称</td>
            < td width = "75 %" align = "left">< input type = "text" name = "majorname" size =
            "25" value = "" id = "majorname"/><?php echo "< font size = '2' color = 'FF0000'>". @
            $majorname1."</font >";?></td >
        </tr >
        < tr >
            < td width = "25 %" align = "center">班名</td>
```

```
              <td width = "75 %" align = "left"><select name = "classname" id = "classname">
              <option value = "">请选择班名</option>
              <option>班</option>
              <option>1 班</option>
              <option>2 班</option>
              <option>3 班</option>
              <option>4 班</option>
              <option>5 班</option>
            </select><?php echo "<font size = '2' color = 'FF0000'>". @ $classname1."</font>";?>
            </td>
          </tr>
          <tr>
            <td width = "25 %" align = "center">班人数</td>
            <td width = "75 %" align = "left"><input type = "text" name = "num" size = "25" value
            = ""/><?php echo "<font size = '2' color = 'FF0000'>". @ $num1."</font>";?></
            td>
          </tr>
          <tr>
            <td colspan = "2" align = "center" bgcolor = "#328EBE">
              <input type = "submit" name = "add" value = "添加" />
              <input type = "reset" name = "back2" value = "返回" onclick = "location. href =
              'Class.php'"/>
            </td>
          </tr>
      </table></form></td>
    </tr>
</table>
</body>
```

3. Class_update.php 班级修改页面

首先接收从 Class.php 页面传送过来的班级序号,然后显示该班级的班级序号、入学年份、专业名称、班名和班人数。班级序号是主键,不能修改,但允许管理员修改班级的其他信息。相关代码如下:

```
<head>
<meta http - equiv = "Content - Type" content = "text/html; charset = utf - 8" />
<title>班级修改</title>
<script src = "../scripts/Com. js"></script>
<style type = "text/css">
<! --
.STYLE1 {color: #FF0000}
#table2 {
    width: 500px;
    margin: 0 auto;
}
body, td, th {
    font - size: 14px;
}
-->
</style>
```

```php
< div style = 'Display:none'>
<?php
    include "../Fun.php";                          //选择数据库
    include "../IsLogin.php";                      //判断用户是否登录
?>
</div>
</head>
< body >
<?php
    $classid = $_REQUEST["id"];                    //班级序号是主键,不能修改
    if (isset( $_REQUEST["update"]))
    {
        $test = 1;                                 //只要 $test = 0,表单信息就无法提交
        $enrollyear = $_REQUEST["enrollyear"];
        $majorname = $_REQUEST["majorname"];
        $classname = $_REQUEST["classname"];
        $num = $_REQUEST["num"];
        if ( $enrollyear == "") { $enrollyear1 = "必须选择入学年份!"; $test = 0;}
        if ( $majorname == "") { $majorname1 = "必须输入专业名称!"; $test = 0;}
        if ( $classname == "") { $classname1 = "必须选择班名!"; $test = 0;}
        if ( $num == "") { $num1 = "必须输入班人数!"; $test = 0;}
        if ( $test == 1)
        { $sql = "update class set enrollyear = $enrollyear,majorname = ' $majorname',
          classname = ' $classname',num = $num where classid = ' $classid'";
          mysqli_query( $conn, $sql);
          echo "< script language = 'javascript'> alert('修改成功!');</script>";
        }
    }
    $sql = "select * from class where classid = ' $classid'";
    $result = mysqli_query( $conn, $sql);
    $row = mysqli_fetch_assoc( $result);
    $classid = $row["classid"];
    $enrollyear = $row["enrollyear"];
    $majorname = $row["majorname"];
    $classname = $row["classname"];
    $num = $row["num"];
?>
< table border = "0" cellpadding = "0" cellspacing = "0" width = "100 %" id = "table1">
  < tr >
    < td > < form action = "" method = "post" name = "form1" >
    < table border = "1" cellpadding = "4" cellspacing = "0" width = "500px" id = "table2"
    bordercolor = "#328EBE">
        < tr >
          < td colspan = "2" align = "center" bgcolor = "#328EBE"> 修改班级信息</td>
        </tr>
        < tr >
          < td width = "25 %" align = "center" >班级序号</td>
          < td width = "75 %" align = "left"> < input name = "id" type = "text" id = "id" value
          = "<?php echo $classid;?>" readonly = "readonly"/></td>
        </tr>
        < tr >
```

```php
<?php $x = getdate();
    $year = $x["year"];
?>
 <td width = "25%" align = "center">入学年份</td>
 <td width = "75%" align = "left"><select name = "enrollyear" id = "enrollyear">
   <option value = "">请选择年份</option>
   <option <?php if ( $enrollyear == $year - 3) echo "selected";?>><?php echo
    $year - 3;?></option>
   <option <?php if ( $enrollyear == $year - 2) echo "selected";?>><?php echo
    $year - 2;?></option>
   <option <?php if ( $enrollyear == $year - 1) echo "selected";?>><?php echo
    $year - 1;?></option>
   <option <?php if ( $enrollyear == $year) echo "selected";?>><?php echo $year;?>
   </option>
  </select><?php echo "<font size = '2' color = 'FF0000'>".@ $enrollyear1."</font
  >";?>
  </td>
</tr>
<tr>
  <td width = "25%" align = "center">专业名称</td>
  <td width = "75%" align = "left"><input type = "text" name = "majorname" size =
  "25" value = "<?php echo $majorname;?>" id = "majorname"/><?php echo "<font size
  = '2' color = 'FF0000'>".@ $majorname1."</font>";?></td>
</tr>
<tr>
  <td width = "25%" align = "center">班名</td>
  <td width = "75%" align = "left"><select name = "classname" id = "classname">
   <option value = "">请选择班名</option>
   <option <?php if ( $classname == "班") echo "selected";?>>班</option>
   <option <?php if ( $classname == "1 班") echo "selected";?>>1 班</option>
   <option <?php if ( $classname == "2 班") echo "selected";?>>2 班</option>
   <option <?php if ( $classname == "3 班") echo "selected";?>>3 班</option>
   <option <?php if ( $classname == "4 班") echo "selected";?>>4 班</option>
   <option <?php if ( $classname == "5 班") echo "selected";?>>5 班</option>
  </select><?php echo "<font size = '2' color = 'FF0000'>".@ $classname1.
  "</font>";?></td>
</tr>
<tr>
  <td width = "25%" align = "center">班人数</td>
  <td width = "75%" align = "left"><input type = "text" name = "num" size = "25"
  value = "<?php echo $num;?>"/><?php echo "<font size = '2' color = 'FF0000'>".@
  $num1."</font>";?></td>
</tr>
<tr>
  <td colspan = "2" align = "center" bgcolor = "#328EBE">
   <input type = "submit" name = "update" value = "修改" id = "update" />
   <input type = "reset" name = "back2" value = "返回" onclick = "location. href =
   'Class.php'"/>
  </td>
</tr>
</table></form></td>
```

```
</tr>
</table>
</body>
```

10.4.3 学生学籍管理

1. Student.php 学生查询、删除页面

系统起始仅显示查询顶部，当系统管理员选择一个专业后，才能级联出该专业的所有班级，当系统管理员再选择一个班级，并单击"查询"按钮后，页面才会分页显示查询结果。选择某些学生记录，并单击"删除"按钮时，即删除选中的学生记录；单击"添加"按钮，显示记录添加页面；单击某条记录的超链接，显示该记录的修改页面。运行界面如图 10-9 所示。

学号	姓名	性别	出生日期	班级序号	总学分	删除☐
1530505101	李凯辉	男	1992-01-01	150201	0	☐
1530505102	陈芳忠	男	1992-01-01	150201	0	☐
1530505103	邱伟发	男	1992-01-01	150201	0	☐
1530505104	庄梓敏	女	1992-01-01	150201	0	☐
1530505105	陈月得	女	1992-01-01	150201	0	☐
1530505106	谢佛强	男	1992-01-01	150201	0	☐
1530505107	邓钧元	男	1992-01-01	150201	0	☐
1530505108	黄惠德	男	1992-01-01	150201	0	☐
1530505109	郭梓翰	男	1992-01-01	150201	0	☐
1530505110	陈仕杰	男	1992-01-01	150201	0	☐

1 2 3 4 下一页 共4页

图 10-9 学生查询删除页面

相关代码如下：

```
<head>
<meta http-equiv="Content-Type" content="text/html; charset=utf-8" />
<link href="../styles/com.css" rel="stylesheet" />
<style type="text/css">
table {
    width: 80%;
    margin: 0 auto;
}
</style>
<script src="../scripts/Com.js"></script>
<title>学生信息</title>
<div style='Display:none'>
<?php
    include "../Fun.php";
    include "../IsLogin.php";
?>
```

```
</div>
</head>
<body>
<script type = "text/javascript">
//选择专业改变班级
function change()
{
    var bms = document.form1.major.value;
    if (bms == "") {window.alert("专业名不能为空");document.form1.major.focus();}
    var bm = bms.split("|");
    //按"|"将 bms 分成若干子串,并依次存入数组中,bm 的长度为"|"的个数 + 1
    for(i = 0;i <(bm.length - 1)/2;i++)
    //class1 的 value 值为班级序号,text 值为"入学年份 - 班名"
    { with(document.form1.class1)
        { length = (bm.length - 1)/2 + 1;
          options[i + 1].value = bm[2 * i];
          options[i + 1].text = bm[2 * i + 1];
        }
    }
}
function checkclass()
{
if (document.form1.class1.value == "")
{
  alert("请选择专业班!");
  document.form1.class1.focus();
  return false;
}
</script>
<form method = "post" name = "form1">
<div align = "center">
<font style = "font - family:'华文新魏'; font - size:20px" >学生学籍管理</font><br />
    <select name = "major" id = "major" onChange = "change()" >
      <option value = "" >请选择专业</option>
<?php
  $sqlx = "select distinct majorname from class";
  $rs1 = mysqli_query( $conn, $sqlx);
  $row1 = mysqli_fetch_assoc( $rs1);
  //每取出一个专业,就输出其全部班级
  while( $row1)
  {  $zy = $row1["majorname"];
     $sqlx = "select distinct classid,enrollyear,classname from class where majorname = '$zy'";
     $rs2 = mysqli_query( $conn, $sqlx);
     $row2 = mysqli_fetch_assoc( $rs2);
     $class = "";
     while( $row2)
     {  $class. $row2["classid"]."|". $row2["enrollyear"]." - ". $row2["classname"]."|";
        $row2 = mysqli_fetch_assoc( $rs2);
     }
  ?>
```

```
                <option value = "<?php echo $class;?>"><?php echo $row1["majorname"];?></option>
    <?php
        $row1 = mysqli_fetch_assoc( $rs1);
    }
    ?>
        </select>
        <select name = "class1" id = "class1">
          <option value = "" >请选择班级</option>
        </select>
         <input name = "search" type = "submit" value = "查询" onclick = "return checkclass()"/>
        <br />
    <?php //只有单击"查询"按钮或地址栏 page 有值,才能显示记录
        if(isset( $_REQUEST["search"]) || isset( $_REQUEST["page"]))
        {  if(isset( $_REQUEST["search"])) $_SESSION["classid"] = $_REQUEST["class1"];
            $sqlx = "select * from class where classid = '". $_SESSION["classid"]."'";
            $rs3 = mysqli_query( $conn, $sqlx);
            $row3 = mysqli_fetch_assoc( $rs3);
            echo $row3["enrollyear"]. $row3["majorname"]. $row3["classname"]."学生名单";
        }
    ?>
    <table>
        <thead>
          <tr>
                <th width = "12 %">学号</th>
                <th width = "12 %">姓名</th>
                <th width = "12 %">性别</th>
                <th width = "20 %">出生日期</th>
                <th width = "20 %">班级序号</th>
                <th width = "12 %">总学分</th>
                <th width = "12 %">删除<input type = 'checkbox' id = 'CBox' onClick = 'checkall
                (this.form)'/></th>
          </tr>
        </thead>
    <?php
      if(isset( $_REQUEST["del"]))            //单击"删除"按钮,删除所选数据并重新加载数据
      {
          $id = @ $_REQUEST["T_id"];         //$id 为数组名
      if(! $id) echo "<script>alert('请至少选择一条记录!');</script>";
          else{
                $num = count( $id);          //使用 count()函数取得数组中值的个数
                for( $i = 0; $i < $num; $i++)  //使用 for 循环语句删除所选数据
                { $delsql = "delete from student where studentid = '$id[ $i]'";
                  mysqi_query( $conn, $delsql);
                  //在删除学号为 A 的学生时,将同时删除成绩表中学号为 A 的记录.
                  $delsql = "delete from score where studentid = '$id[ $i]'";
                   mysqli_query( $conn, $delsql);
                }
                echo "<script>alert('删除成功!');</script>";
          }
          $sql = "select * from student where classid = '". $_SESSION["classid"]."'";
          if (!isset( $_REQUEST["page"])) loadinfo( $sql);
```

```
}
if(isset( $_REQUEST["search"]) || isset( $_REQUEST["page"]))
//只有单击"查询"按钮或地址栏 page 有值,才能显示记录
{
    $sql = "select * from student where classid = '". $_SESSION["classid"]."'";
    loadinfo( $sql);
}
function loadinfo( $sqlstr)
{
global $conn;                                    //将主程序定义的 $conn 声明为全局变量
$result = mysqli_query( $conn, $sqlstr);
$total = mysqli_num_rows( $result);
if (isset( $_REQUEST["search"])) $page = 1;      //每次单击"查询"按钮,从第 1 页开始显示
else $page = isset( $_REQUEST['page'])?intval( $_REQUEST['page']):1;
//获取地址栏中 page 的值,不存在则设为 1
$num = 15;                                       //每页显示 15 条记录
$url = 'Student.php';                            //本页 URL
$pagenum = ceil( $total/ $num);                  //获得总页数,ceil()返回不小于 x 的最小整数
$prepg = $page - 1;                              //上一页
$nextpg = ( $page == $pagenum? 0: $page + 1);    //下一页
//limit m,n: 从 m + 1 号记录开始,共检索 n 条
$new_sql = $sqlstr." limit ".( $page - 1) * $num.",". $num;    //按每页记录数生成查询语句
$new_result = mysqli_query( $conn, $new_sql);
if( $new_row = @mysqli_fetch_array( $new_result))
//数组 $new_row 的键名可为整数或字段名
    {      //若有查询结果,以表格形式输出
      do
    { list( $id, $name, $pwd, $sex, $birthday, $classid, $credit) = $new_row;
      //数组的键名为从 0 开始的连续整数
        echo "< tr >";
        echo "< td width = '12 % '>< a href = 'Student_update. php?id = $id'> $id </a></td>";
        echo "< td width = '12 % '> $name </td>";
        echo "< td width = '12 % '> $sex </td>";
        echo "< td width = '20 % '> $birthday </td>";
        echo "< td width = '20 % '> $classid </td>";
        echo "< td width = '12 % '> $credit </td>";
        echo "< td width = '12 % '>< input type = 'checkbox' name = 'T_id[ ]' value = ' $id' /></td
        >";
        echo "</tr >";
    }while( $new_row = mysqli_fetch_array( $new_result));
    //开始分页导航条代码
     $pagenav = "";
    if( $prepg)      //如果当前显示第一页,则不会出现 "上一页"
        $pagenav. = "< a href = ' $url?page = $prepg'>上一页</a> ";
    for( $i = 1; $i < = $pagenum; $i++)//$pagenum 为总页数
    {
        if( $page == $i) $pagenav. = "< b >< font color = '#FF0000'> $i </font ></b >  ";
            else $pagenav. = " < a href = ' $url?page = $i'> $i ". " </a >";
    }
```

```
        if( $nextpg)      //如果当前显示最后一页,则不会出现 "下一页"
            $pagenav. = " < a href = ' $url?page = $nextpg'>下一页</a>";
        $pagenav. = "  共". $pagenum."页";
        //输出分页导航
        echo "< tr >< td colspan = '7' align = 'center'>". $pagenav."</td></tr>";
    }
    else echo "< tr >< td colspan = '7' align = 'center'>暂无记录</td></tr>";
}
if(isset( $_REQUEST["add"]))              //单击"添加"按钮
{
        header("Location:Student_add.php");
}
?>< tr >
< td colspan = '7' align = 'center'>< input type = 'submit' name = 'add' value = '添加' />  
   < input type = 'submit' name = 'del' value = '删除' onClick = "delcfm()" />    </td>
</tr >
</table >
</div >
</form >
</body >
```

2. Student_add.php 学生添加页面

使用 PHP 脚本验证表单数据,当添加一位学生时,先检查学生表是否存在该学号,如果该学号已存在,则提示重输。运行界面如图 10-10 所示。

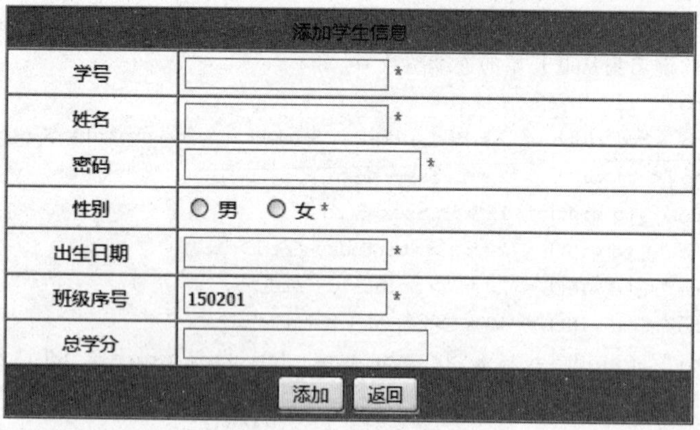

图 10-10　学生添加页面

相关代码如下:

```
< head >
< meta http - equiv = "Content - Type" content = "text/html; charset = utf - 8" />
< title >学生添加</title >
< script src = "../scripts/Com.js"></script >
< style type = "text/css">
<! --
.STYLE1 {color: #FF0000}
```

```
#table2 {
    width: 500px;
    margin: 0 auto;
}
body,td,th {
    font-size: 14px;
}
-->
</style>
<div style='Display:none'>
<?php
    include "../Fun.php";                    //选择数据库
    include "../IsLogin.php";                //判断用户是否登录
?>
    </div>
    </head>
    <body>
    <?php
    if (isset($_REQUEST["add"]))
    {
        $test = 1;                           //只要$test=0,表单信息就无法提交
        $studentid = $_REQUEST["studentid"];
        $studentname = $_REQUEST["studentname"];
        $pwd = $_REQUEST["pwd"];
        $sex = @ $_REQUEST["sex"];           //若未选中任何选项,sex就不存在
        $birthday = $_REQUEST["birthday"];
        $classid = $_REQUEST["classid"];     //取得班级序号
        $credit = $_REQUEST["credit"];
        //若正则表达式含^、$,只有正则表达式与字符串完全匹配,该函数才返回1
        $checkbirthday = preg_match('/^\d{4}-(0?\d|1?[012])-(0?\d|[12]\d|3[01])$/',
        $birthday);
        if($studentid == "") { $studentid1 = "必须输入学号!"; $test = 0;}
        elseif(preg_match('/^\d{10}$/', $studentid) == 0)
        { $studentid1 = "学号必须为10位数字!"; $test = 0;}
            else { $sql = "select * from student where studentid = '$studentid'";
                $result = mysqli_query($conn, $sql);
                    if (mysqli_num_rows($result)>= 1)
                    { $studentid1 = "输入的学号已经存在,请重输!"; $test = 0;}
            }
        if ($studentname == "") { $studentname1 = "必须输入姓名!"; $test = 0;}
        if ($pwd == "") { $pwd1 = "必须输入密码!"; $test = 0;}
        if ($sex == "") { $sex1 = "必须选择性别!"; $test = 0;}
        if ($birthday == "") { $birthday1 = "必须输入日期!"; $test = 0;}
        elseif ($checkbirthday == 0) { $birthday1 = "日期必须为yyyy-mm-dd!"; $test = 0;}
        if ($classid == "") { $classid1 = "必须输入班级序号!"; $test = 0;}
        if ($test == 1)
        { if ($credit == "")  $sql = "insert into student(studentid, studentname, pwd, sex, birthday,
          classid) values('$studentid','$studentname','$pwd','$sex','$birthday','$classid')";
          else $sql = "insert into student values('$studentid','$studentname','$pwd','$sex',
          '$birthday','$classid', $credit)";
          mysqli_query($conn, $sql);
```

```
        echo "< script language = 'javascript'> alert('插入成功!');</script>";
      }
    }
  ?>
  < table border = "0" cellpadding = "0" cellspacing = "0" width = "100 % " id = "table1">
    < tr >
      < td >< form action = "" method = "post" name = "form1" >
      < table border = "1" cellpadding = "4" cellspacing = "0" width = "500px" id = "table2"
      bordercolor = "#328EBE">
        < tr >
          < td colspan = "2" align = "center" bgcolor = "#328EBE"> 添加学生信息</td>
        </tr>
        < tr >
          < td width = "25 % " align = "center" >学号</td>
          < td width = "75 % " align = "left">< input type = "text" name = "studentid" id =
          "studentid" />
           < font color = "#FF0000">*</font ><?php echo "< font size = '2' color = 'FF0000'
           >". @ $studentid1."</font >";?></td>
        </tr>
        < tr >
          < td width = "25 % " align = "center">姓名</td>
          < td width = "75 % " align = "left">< input type = "text" name = "studentname" id =
          "studentname" />
            < font color = "#FF0000">*</font ><?php echo "< font size = '2' color = 'FF0000'>".
            @ $studentname1."</font >";?>
          </td >
        </tr >
        < tr >
          < td width = "25 % " align = "center">密码</td >
          < td width = "75 % " align = "left">< input type = "password" name = "pwd" size = "24"
          value = "" id = "pwd"/>
            < font color = "#FF0000">*</font ><?php echo "< font size = '2' color = 'FF0000'>".
            @ $pwd1."</font >";?> </td >
        </tr >
        < tr >
          < td width = "25 % " align = "center">性别</td >
          < td width = "75 % " align = "left">< input type = "radio" name = "sex" id = "radio"
          value = "男" />
            男    < input type = "radio" name = "sex" id = "radio2" value = "女" />
            女  < font color = "#FF0000">*</font > <?php echo "< font size = '2' color
            = 'FF0000'>". @ $sex1."</font >";?></td>
        </tr >
        < tr >
          < td align = "center">出生日期</td>
          < td align = "left">< input type = "text" name = "birthday" id = "birthday" />
            < font color = "#FF0000">*</font ><?php echo "< font size = '2' color = 'FF0000'>".
            @ $birthday1."</font >";?></td>
        </tr >
        < tr >
          < td align = "center">班级序号</td>
          < td align = "left">< input name = "classid" type = "text" id = "classid" value = "<?
```

```
php if (isset( $_SESSION["classid"])) echo $_SESSION["classid"]; else echo @
$classid;?>" /> < font color = "#FF0000"> * </font > <?php echo "< font size = '2'
color = 'FF0000'>".@ $classid1."</font>";?></td>
</tr>
<tr>
< td width = "25%" align = "center">总学分</td>
< td width = "75%" align = "left"> < input type = "text" name = "credit" size = "25"
value = "" id = "credit"/></td>
</tr><tr>
< td colspan = "2" align = "center" bgcolor = "#328EBE">
< input type = "submit" name = "add" value = "添加" />
< input type = "reset" name = "back2" value = "返回" onclick = "location.href =
'student.php'"/>
</td>
</tr>
</table></form></td>
</tr>
</table>
</body>
```

3. Student_update.php 学生修改页面

首先接收从 Student.php 页面传送过来的学号,然后显示该学生的学号、姓名、密码、性别、出生日期、班级序号和总学分。学号是主键,不能修改,但允许管理员修改学生的其他信息。

相关代码如下:

```
< head >
< meta http-equiv = "Content-Type" content = "text/html; charset = utf-8" />
< title >学生修改</title>
< script src = "../scripts/Com.js"></script>
< style type = "text/css">
<!--
.STYLE1 {color: #FF0000}
#table2 {
    width: 500px;
    margin: 0 auto;
}
body,td,th {
    font-size: 14px;
}
-->
</style>
< div style = 'Display:none'>
<?php
    include "../Fun.php";              //选择数据库
    include "../IsLogin.php";          //判断用户是否登录
?>
</div>
```

```php
</head>
<body>
<?php
  $studentid = $_REQUEST["id"];                    //学号是主键,不能修改
  if (isset($_REQUEST["update"]))
  {
    $test = 1;                                       //只要$test=0,表单信息就无法提交
    $studentname = $_REQUEST["studentname"];
    $pwd = $_REQUEST["pwd"];
    $sex = @ $_REQUEST["sex"];                       //若未选中任何选项,sex 就不存在
    $birthday = $_REQUEST["birthday"];
    $classid = $_REQUEST["classid"];                 //取得班级序号
    $credit = $_REQUEST["credit"];
    //若正则表达式含^、$,只有正则表达式与字符串完全匹配,该函数才返回1
    $checkbirthday = preg_match('/^\d{4}-(0?\d|1?[012])-(0?\d|[12]\d|3[01])$/',
    $birthday);
    if ($studentname == "") { $studentname1 = "必须输入姓名!"; $test = 0;}
    if ($pwd == "") { $pwd1 = "必须输入密码!"; $test = 0;}
    if ($sex == "") { $sex1 = "必须选择性别!"; $test = 0;}
    if ($birthday == "") { $birthday1 = "必须输入日期!"; $test = 0;}
    elseif ($checkbirthday == 0) { $birthday1 = "日期必须为 yyyy-mm-dd!"; $test = 0;}
    if ($classid == "") { $classid1 = "必须输入班级序号!"; $test = 0;}
    if ($test == 1)
    { if ($credit == "") $sql = "update student set studentname = '$studentname',pwd = '$pwd',sex = '
      $sex',birthday = '$birthday',classid = '$classid' where studentid = '$studentid'";
      else $sql = "update student set studentname = '$studentname', pwd = '$pwd', sex = '$sex',
      birthday = '$birthday', classid = '$classid', credit = $credit where studentid =
      '$studentid'";
      mysqli_query($conn, $sql);
      echo "<script language = 'javascript'> alert('修改成功!');</script>";
    }
  }
  $sql = "select * from student where studentid = '$studentid'";
  $result = mysqli_query($conn, $sql);
  $row = mysqli_fetch_assoc($conn, $result);
  $studentname = $row["studentname"];
  $pwd = $row["pwd"];
  $sex = $row["sex"];
  $birthday = $row["birthday"];
  $classid = $row["classid"];
  $credit = $row["credit"];
?>
<table border = "0" cellpadding = "0" cellspacing = "0" width = "100%" id = "table1">
  <tr>
    <td><form action = "" method = "post" name = "form1">
    <table border = "1" cellpadding = "4" cellspacing = "0" width = "500px" id = "table2"
    bordercolor = "#328EBE">
      <tr>
        <td colspan = "2" align = "center" bgcolor = "#328EBE"> 修改学生信息</td>
      </tr>
      <tr>
```

```
< td width = "25 %" align = "center" >学号</td >
< td width = "75 %" align = "left" >< input name = "id" type = "text" id = "id" value
= "<?php echo $studentid;?>" readonly = "readonly" />
 < font color = "＃FF0000" >＊</font ><?php echo "< font size = '2' color = 'FF0000'
 >".@ $studentid1."</font >";?></td >
</tr >
<tr >
 < td width = "25 %" align = "center">姓名</td >
 < td width = "75 %" align = "left" >< input name = "studentname" type = "text" id =
"studentname" value = "<?php echo $studentname; ?>" />
  < font color = "＃FF0000">＊</font ><?php echo "< font size = '2' color =
  'FF0000'>".@ $studentname1."</font >";?>
 </td >
</tr >
<tr >
 < td width = "25 %" align = "center">密码</td >
 < td width = "75 %" align = "left" >< input type = "password" name = "pwd" value =
"<?php echo $pwd; ?>" id = "pwd"/>
  < font color = "＃FF0000" >＊</font ><?php echo "< font size = '2' color =
  'FF0000'>".@ $pwd1."</font >";?> </td >
</tr >
<tr >
 < td width = "25 %" align = "center">性别</td >
 < td width = "75 %" align = "left">< input name = "sex" type = "radio" id = "radio"
 value = "男" <?php if ( $sex == "男") echo "checked";?>/>
   男    < input type = "radio" name = "sex" id = "radio2" value = "女" <?
   php if ( $sex == "女") echo "checked";?>/>
   女  < font color = "＃FF0000">＊</font ><?php echo "< font size = '2' color
   ='FF0000'>".@ $sex1."</font >";?></td >
</tr >
<tr >
 < td align = "center">出生日期</td >
 < td align = "left">< input type = "text" name = "birthday" id = "birthday" value =
"<?php echo $birthday; ?>"/>
   < font color = "＃FF0000">＊</font ><?php echo "< font size = '2' color =
   'FF0000'>".@ $birthday1."</font >";?></td >
</tr >
<tr >
 < td align = "center">班级序号</td >
 < td align = "left">< input name = "classid" type = "text" id = "classid" value =
"<?php echo $classid; ?>" /> < font color = "＃FF0000">＊</font ><?php echo "<
font size = '2' color = 'FF0000'>".@ $classid1."</font >";?></td >
</tr >
<tr >
 < td width = "25 %" align = "center">总学分</td >
 < td width = "75 %" align = "left">< input type = "text" name = "credit" size = "25"
 id = "credit" value = "<?php echo $credit; ?>" /></td >
</tr >  <tr >
 < td colspan = "2" align = "center" bgcolor = "＃328EBE">
< input type = "submit" name = "update" value = "修改" id = "update" />
< input type = "reset" name = "back2" value = "返回" onclick = " location. href =
```

```
          'student.php'"/>
        </td>
      </tr>
  </table></form></td>
 </tr>
</table>
</body>
```

10.4.4　课程设置管理

1. Course.php 课程查询、删除页面

系统起始仅显示查询顶部，当系统管理员选择一个专业，并单击"查询"按钮后，页面才会分页显示查询结果。当选择某些课程，并单击"删除"按钮时，即删除选中的课程；单击"添加"按钮，显示记录添加页面；单击某条记录的超链接，显示该记录的修改页面。运行界面如图 10-11 所示。

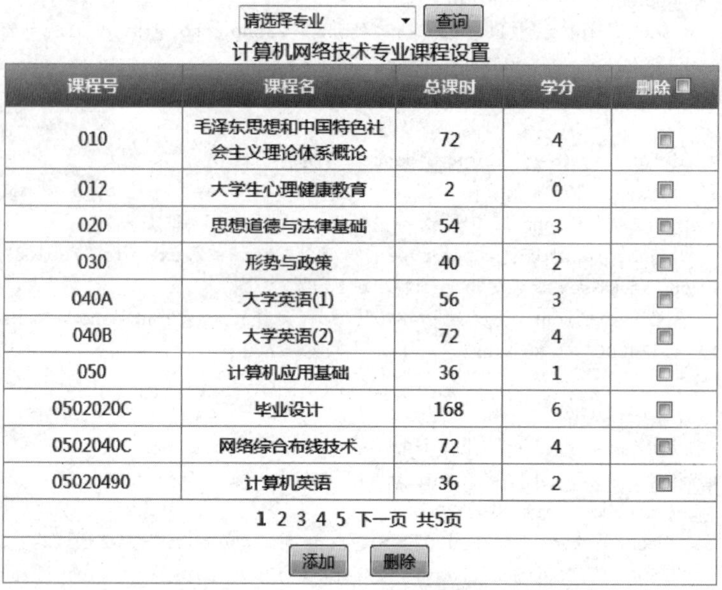

图 10-11　课程查询页面

相关代码如下：

```
<head>
<meta http-equiv = "Content - Type" content = "text/html; charset = utf - 8" />
<link href = "../styles/com.css" rel = "stylesheet" />
<style type = "text/css">
table {
    width: 70 % ;
    margin: 0 auto;
}
</style>
<div style = 'Display:none'>
```

```php
<?php
    include "../Fun.php"; //选择数据库
    include "../IsLogin.php";
?>
</div>
<script src = "../scripts/Com.js"></script>
<script language = "javascript">
function checkmajor()
{
    if (document.form1.major.value == "")
    { alert("请选择专业!");
      document.form1.major.focus();
      return false;
    }
}
</script>
</head>
<body>
<form method = "post" name = "form1">
<div align = "center">
<font style = "font - family:'华文新魏'; font - size:20px" >课程设置管理</font><br />
  <select name = "major" id = "major">
    <option value = "">请选择专业</option>
    <?php
    $sqlx = "select distinct majorname from class";
    $rs0 = mysqli_query( $conn, $sqlx);
    $row1 = mysqli_fetch_assoc( $rs0);
    while( $row1)
    {   echo "<option value = '". $row1["majorname"]."'>". $row1["majorname"]."</option>";
        $row1 = mysqli_fetch_assoc( $rs0);
    }
    ?>
  </select>  < input name = "search" type = "submit" value = "查询" onclick = "return
  checkmajor()"/>
<br />
<?php
  //只有单击"查询"按钮或地址栏 page 有值,才能显示记录
  if(isset( $_REQUEST["search"]) || isset( $_REQUEST["page"]))
  {
      if(isset( $_REQUEST["search"])) $_SESSION["major"] = $_REQUEST["major"];
      echo $_SESSION["major"]."专业课程设置";
  }
?>
<table>
<thead>
  <tr>
    <th width = "25 % ">课程号</th>
    <th width = "30 % ">课程名</th>
    <th width = "15 % ">总课时</th>
    <th width = "15 % ">学分</th>
    <th width = "15 % ">删除< input type = 'checkbox' id = 'CBox' onClick = 'checkall(this.form)'/>
```

```
        </th>
      </tr>
    </thead>
  <?php
    if(isset( $_REQUEST["del"]))                //单击"删除"按钮
    {
        $id = @ $_REQUEST["T_id"];           //$id 为数组名
        if(! $id) echo "< script > alert('请至少选择一条记录!');</script>";
        else{
                $num = count( $id);                      //使用 count()函数取得数组中值的个数
                for( $i = 0; $i < $num; $i++)           //使用 for 循环语句删除所选数据
                {   //要删除课程号为 A 的记录,除非开课表、成绩表中没有课程号为 A 的记录
                    $sql = "select * from offercourse where courseid = '$id[ $i]'";
                    $rs1 = mysqli_query( $conn, $sql);
                    $sql = "select * from score where courseid = '$id[ $i]'";
                    $rs2 = mysqli_query( $conn, $sql);
                    if (mysqli_num_rows( $conn, $rs1) == 0 && mysqli_num_rows( $rs2) == 0)
                    {
                        $delsql = "delete from course where courseid = '$id[ $i]'";
                        mysqli_query( $conn, $delsql);
                    }
                }
                echo "< script > alert('操作完成!');</script>";
        }
        $sql = "select * from course where majorname = '公共课' or majorname = '". $_
        SESSION["major"]."' order by courseid";
        if (!isset( $_REQUEST["page"])) loadinfo( $sql);
    }
    if(isset( $_REQUEST["search"]) ‖ isset( $_REQUEST["page"]))
    //只有单击"查询"按钮或地址栏 page 有值,才能显示记录
    {
        $sql = "select * from course where majorname = '公共课' or majorname = '". $_
        SESSION["major"]."' order by courseid";
        loadinfo( $sql);
    }
    function loadinfo( $sqlstr)
    {
        $result = mysqli_query( $conn, $sqlstr);
        $total = mysqli_num_rows( $result);
        if (isset( $_REQUEST["search"])) $page = 1;   //每次单击"查询"按钮,从第 1 页开始显示
        else $page = isset( $_REQUEST['page'])?intval( $_REQUEST['page']):1;
        //获取地址栏中 page 的值,不存在则设为 1
        $num = 15;                              //每页显示 15 条记录
        $url = 'Course.php';                    //本页 URL
        $pagenum = ceil( $total/ $num);        //获得总页数,ceil()返回不小于 x 的最小整数
        $prepg = $page - 1;                     //上一页
        $nextpg = ( $page == $pagenum? 0: $page + 1);   //下一页
        //limit m,n: 从 m + 1 号记录开始,共检索 n 条
        $new_sql = $sqlstr." limit ".( $page - 1) * $num.",". $num;   //按每页记录数生成查询语句
        $new_result = mysqli_query( $conn, $new_sql);
```

```php
    if( $new_row = @mysqli_fetch_array( $conn, $new_result))
    {    //若有查询结果,以表格形式输出
        do
        {
            list( $id, $cname, $period, $credit) = $new_row;
            //数组的键名为从 0 开始的连续整数
            echo "<tr>";
            echo "<td width = '25 % '><a href = 'Course_update. php? id = $id'>$id</a></td
            >";
            echo "<td width = '30 % '>$cname</td>";
            echo "<td width = '15 % '>$period</td>";
            echo "<td width = '15 % '>$credit</td>";
            echo "<td width = '15 % '><input type = 'checkbox' name = 'T_id[ ]' value = '$id' />
            </td>";
            echo "</tr>";
        }while( $new_row = mysqli_fetch_array( $new_result));
        //开始分页导航条代码
        $pagenav = "";
        if( $prepg) //如果当前显示第一页,则不会出现"上一页"
            $pagenav. = "<a href = ' $url?page = $prepg'>上一页</a> ";
        for( $i = 1; $i <= $pagenum; $i++)//$pagenum 为总页数
        {
            if( $page = = $i) $pagenav. = "<b><font color = ' # FF0000'> $i </font>
            </b> ";
            else $pagenav. = " <a href = ' $url?page = $i'>$i"." </a>";
        }
        if( $nextpg) //如果当前显示最后一页,则不会出现"下一页"
            $pagenav. = " <a href = ' $url?page = $nextpg'>下一页</a>";
        $pagenav. = "  共". $pagenum."页";
        //输出分页导航
        echo "<tr><td colspan = '5' align = 'center'>". $pagenav."</td></tr>";
    }
    else
        echo "<tr><td colspan = '5' align = 'center'>暂无记录</td></tr>";
}
if(isset( $_REQUEST["add"]))              //单击"添加"按钮转向班级增加页面
{
    echo "<script> location. href = 'Course_add. php';</script>";
}
?><tr>
        <td colspan = "5" align = "center"><input type = 'submit' name = 'add' value = '添
        加' />     <input type = 'submit' name = 'del' value = '删除'
        onClick = "delcfm()" />     </td>
</tr>
</table>
</div>
</form>
</body>
```

2. Course_add.php 课程添加页面

使用 PHP 脚本验证表单数据，当添加一门课程时，先检查课程表是否存在该课程号，如果该课程号已存在，则提示重输。运行界面如图 10-12 所示。

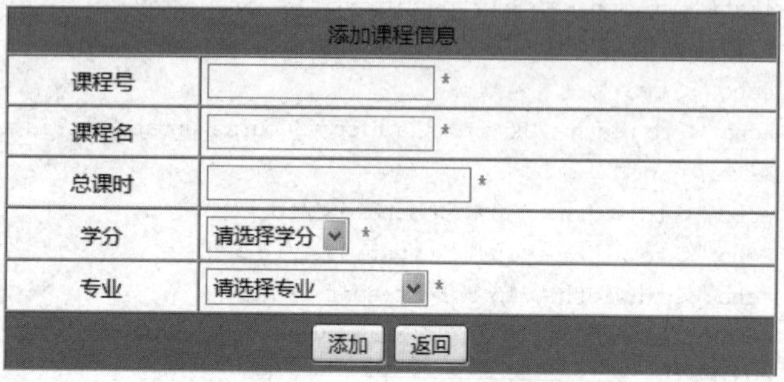

图 10-12　课程添加页面

相关代码如下：

```html
<head>
<meta http-equiv="Content-Type" content="text/html; charset=utf-8" />
<title>课程添加</title>
<script src="../scripts/Com.js"></script>
<style type="text/css">
<!--
.STYLE1 {color: #FF0000}
#table2 {
    width: 500px;
    margin: 0 auto;
}
body,td,th {
    font-size: 14px;
}
-->
</style>
<div style='Display:none'>
<?php
  include "../Fun.php";                 //选择数据库
  include "../IsLogin.php";             //判断用户是否登录
?>
</div>
</head>
<body>
<?php
  if (isset($_REQUEST["add"]))
  {
    $test = 1;                          //只要 $test = 0,则表单信息就无法提交
    $courseid = $_REQUEST["courseid"];
    $coursename = $_REQUEST["coursename"];
    $period = $_REQUEST["period"];
    $credit = $_REQUEST["credit"];
    $majorname = $_REQUEST["majorname"];
    //若正则表达式含^、$,只有正则表达式与字符串完全匹配,该函数才返回 1
```

```php
    if( $courseid == "") { $courseid1 = "必须输入课程号!"; $test = 0;}
    elseif(preg_match('/^\d{8}$/', $courseid) == 0)
    { $courseid1 = "课程号必须为8位数字!"; $test = 0;}
        else { $sql = "select * from course where courseid = '$courseid'";
            $result = mysqli_query( $conn, $sql);
            if (mysqli_num_rows( $result)>= 1)
            { $courseid1 = "输入的课程号已经存在,请重输!"; $test = 0;}
        }
    if ( $coursename == "") { $coursename1 = "必须输入课程名!"; $test = 0;}
    if ( $period == "") { $period1 = "必须输入学时!"; $test = 0;}
    elseif (preg_match('/^\d{1,3}$/', $period) == 0)
    { $period1 = "学时必须为1-3位数字!"; $test = 0;}
    if ( $credit == "") { $credit1 = "必须选择学分!"; $test = 0;}
    if ( $majorname == "") { $majorname1 = "必须选择专业名称或公共课!"; $test = 0;}
    if ( $test == 1)
    { $sql = " insert into course values ( '$courseid', '$coursename', $period, $credit,
            '$majorname')";
      mysqli_query( $conn, $sql);
      echo "<script language = 'javascript'> alert('插入成功!');</script>";
    }
  }
?>
<table border = "0" cellpadding = "0" cellspacing = "0" width = "100%" id = "table1">
  <tr>
    <td><form action = "" method = "post" name = "form1">
    <table border = "1" cellpadding = "4" cellspacing = "0" width = "500px" id = "table2"
    bordercolor = "#328EBE">
        <tr>
            <td colspan = "2" align = "center" bgcolor = "#328EBE">添加课程信息</td>
        </tr>
        <tr>
            <td width = "25%" align = "center">课程号</td>
            <td width = "75%" align = "left"><input type = "text" name = "courseid" id =
            "courseid" />
             <font color = "#FF0000">*</font><?php echo "<font size = '2' color = 'FF0000'
             >".@ $courseid1."</font>";?></td>
        </tr>
        <tr>
            <td width = "25%" align = "center">课程名</td>
            <td width = "75%" align = "left"><input type = "text" name = "coursename" id =
            "coursename" />
             <font color = "#FF0000">*</font><?php echo "<font size = '2' color = 'FF0000'>".
             @ $coursename1."</font>";?>
            </td>
        </tr>
        <tr>
            <td width = "25%" align = "center">总课时</td>
            <td width = "75%" align = "left"><input type = "password" name = "period" size =
            "24" value = "" id = "period"/>
```

```
                    < font color = " # FF0000" > * </font ><?php echo "< font size = '2' color = 'FF0000'>".
                    @ $period1."</font >";?> </td >
                </tr >
                <tr >
                    < td width = "25 % " align = "center">学分</td >
                    < td width = "75 % " align = "left">< select name = "credit" id = "credit">
                    < option value = "">请选择学分</option >
                    < option > 1 </option >
                    < option > 2 </option >
                    < option > 3 </option >
                    < option > 4 </option >
                    < option > 5 </option >
                    < option > 6 </option >
                    < option > 7 </option >
                    < option > 8 </option >
                    </select >  < font color = " # FF0000" > * </font > <?php echo "< font size = '2'
                    color = 'FF0000'>".@ $credit1."</font >";?></td >
                </tr >
                <tr >
                    < td align = "center">专业</td >
                    < td align = "left">< select name = "majorname" id = "majorname">
                        < option value = "">请选择专业</option >
            <?php
                $sqlx = "select distinct majorname from class";
                $rs1 = mysqli_query( $conn, $sqlx);
                $row1 = mysqli_fetch_assoc( $rs1);
                while( $row1)
                { echo "< option >". $row1["majorname"]."</option >";
                    $row1 = mysqli_fetch_assoc( $rs1);
                }
            ?>
                    < option >公共课</option >
                    </select >< font color = " # FF0000" > * </font ><?php echo "< font size = '2' color
                    = 'FF0000'>".@ $majorname1."</font >";?></td >
                </tr >      <tr >
                    < td colspan = "2" align = "center" bgcolor = " # 328EBE">
                    < input type = "submit" name = "add" value = "添加" />
                    < input type = "reset" name = "back2" value = "返回" onclick = "location. href =
                    'course. php'"/>
                    </td >
                </tr >
        </table ></form ></td >
    </tr >
</table >
</body >
```

3. Course_update.php 课程修改页面

首先接收从 Course.php 页面传送过来的课程号，然后显示该课程的课程号、课程名、总课时、学分、专业。课程号是主键,不能修改,但允许管理员修改课程的其他信息。公共课程的课程号唯一,但同一专业课程在不同专业开设,具有不同的课程号。

相关代码如下:

```
<head>
<meta http-equiv = "Content-Type" content = "text/html; charset = utf-8" />
<title>课程修改</title>
<script src = "../scripts/Com.js"></script>
<style type = "text/css">
<!--
.STYLE1 {color: #FF0000}
#table2 {
    width: 500px;
    margin: 0 auto;
}
body,td,th {
    font-size: 14px;
}
-->
</style>
<div style = 'Display:none'>
<?php
  include "../Fun.php";                //选择数据库
  include "../IsLogin.php";            //判断用户是否登录
?>
</div>
</head>
<body>
<?php
  $courseid = $_REQUEST["id"];          //课程号是主键,不能修改
  if (isset( $_REQUEST["update"]))
  {
    $test = 1;                         //只要 $test = 0,表单信息就无法提交
    $coursename = $_REQUEST["coursename"];
    $period = $_REQUEST["period"];
    $credit = $_REQUEST["credit"];
    $majorname = $_REQUEST["majorname"];
    //若正则表达式含^、$,只有正则表达式与字符串完全匹配,该函数才返回 1
    if ( $coursename == "") { $coursename1 = "必须输入课程名!"; $test = 0;}
    if ( $period == "") { $period1 = "必须输入学时!"; $test = 0;}
    elseif (preg_match('/^\d{1,3}$/', $period) == 0)
    { $period1 = "学时必须为 1-3 位数字!"; $test = 0;}
    if ( $credit == "") { $credit1 = "必须选择学分!"; $test = 0;}
    if ( $majorname == "") { $majorname1 = "必须选择专业名称或公共课!"; $test = 0;}
    if ( $test == 1)
    { $sql = "update course set coursename = '$coursename',period = $period,credit = $credit
      where courseid = '$courseid'";
      mysqli_query( $conn, $sql);
      echo "<script language = 'javascript'> alert('修改成功!');</script>";
    }
  }
  $sql = "select * from course where courseid = '$courseid'";
  $result = mysqli_query( $conn, $sql);
```

```php
        $row = mysqli_fetch_assoc( $result);
        $coursename = $row["coursename"];
        $period = $row["period"];
        $credit = $row["credit"];
        $majorname = $row["majorname"];
?>
<table border = "0" cellpadding = "0" cellspacing = "0" width = "100%" id = "table1">
  <tr>
    <td><form action = "" method = "post" name = "form1">
    <table border = "1" cellpadding = "4" cellspacing = "0" width = "500px" id = "table2"
    bordercolor = "#328EBE">
      <tr>
        <td colspan = "2" align = "center" bgcolor = "#328EBE">修改课程信息</td>
      </tr>
      <tr>
        <td width = "25%" align = "center">课程号</td>
        <td width = "75%" align = "left"><input name = "id" type = "text" id = "id" value
        = "<?php echo $courseid; ?>" size = "28" readonly = "readonly" /></td>
      </tr>
      <tr>
        <td width = "25%" align = "center">课程名</td>
        <td width = "75%" align = "left"><input name = "coursename" type = "text" id =
        "coursename" value = "<?php echo $coursename; ?>" size = "28" />
          <font color = "#FF0000">*</font><?php echo "<font size = '2' color = 'FF0000'>".
          @ $coursename1."</font>";?>
        </td>
      </tr>
      <tr>
        <td width = "25%" align = "center">总课时</td>
        <td width = "75%" align = "left"><input type = "text" name = "period" size = "28"
        value = "<?php echo $period; ?>" id = "period"/>
          <font color = "#FF0000">*</font><?php echo "<font size = '2' color = 'FF0000'>".
          @ $period1."</font>";?> </td>
      </tr>
      <tr>
        <td width = "25%" align = "center">学分</td>
        <td width = "75%" align = "left"><select name = "credit" id = "credit">
          <option value = "">请选择学分</option>
          <option <?php if ( $credit == 1) echo "selected" ?>>1</option>
          <option <?php if ( $credit == 2) echo "selected" ?>>2</option>
          <option <?php if ( $credit == 3) echo "selected" ?>>3</option>
          <option <?php if ( $credit == 4) echo "selected" ?>>4</option>
          <option <?php if ( $credit == 5) echo "selected" ?>>5</option>
          <option <?php if ( $credit == 6) echo "selected" ?>>6</option>
          <option <?php if ( $credit == 7) echo "selected" ?>>7</option>
          <option <?php if ( $credit == 8) echo "selected" ?>>8</option>
        </select>  <font color = "#FF0000">*</font><?php echo "<font size = '2'
        color = 'FF0000'>".@ $credit1."</font>";?></td>
      </tr>
      <tr>
        <td align = "center">专业</td>
        <td align = "left"><select name = "majorname" id = "majorname">
          <option value = "">请选择专业</option>
    <?php
```

```
        $sqlx = "select distinct majorname from class";
        $rs1 = mysqli_query( $conn, $sqlx);
        $row1 = mysqli_fetch_assoc( $rs1);
        while( $row1)
        {  if ( $majorname = = $row1 [ " majorname"]) echo "< option selected >". $row1
           ["majorname"]."</option >"; else echo "< option >". $row1 [ "majorname"]."</option
           >";
            $row1 = mysqli_fetch_assoc( $rs1);
        }
      ?>
          < option <?php if ( $majorname == "公共课") echo "selected" ?>>公共课</option >
          </select > < font color = " # FF0000"> * </font ><?php echo "< font size = '2' color
           = 'FF0000'>". @ $majorname1."</font >";?></td >
        </tr >    < tr >
          < td colspan = "2" align = "center" bgcolor = " # 328EBE">
            < input type = "submit" name = "update" value = "修改" id = "update" />
            < input type = "reset" name = "back2" value = "返回" onclick = "location. href =
            'course. php'"/>
          </td >
        </tr >
     </table ></form ></td >
   </tr >
</table >
</body >
```

10.4.5 开课表管理

1. Offercourse.php 开课表查询、删除页面

系统起始仅显示查询顶部，当系统管理员选择一个专业和一个学期，并单击“查询”按钮后，页面才会分页显示指定专业的全部班级在指定学期的开课信息。选择某些记录，并单击“删除”按钮，即删除选中的记录；单击“添加”按钮，显示记录添加页面；单击某条记录的超链接，显示该记录的修改页面。运行界面如图 10-13 所示。

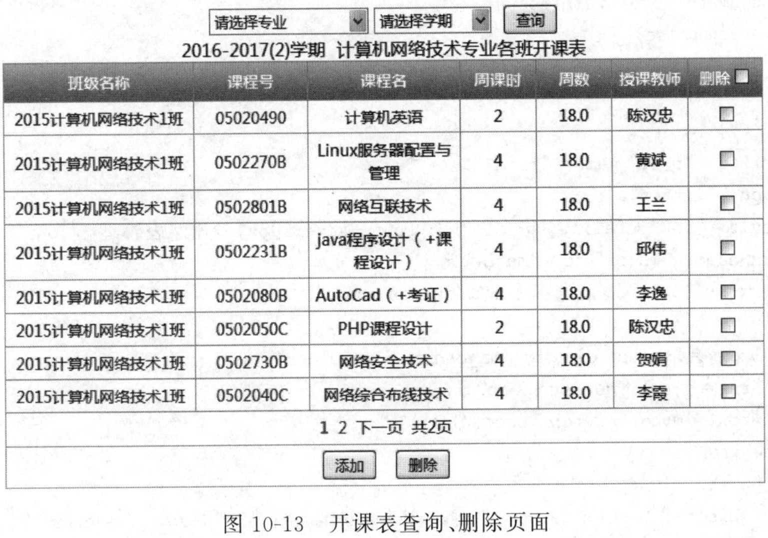

班级名称	课程号	课程名	周课时	周数	授课教师	删除
2015计算机网络技术1班	05020490	计算机英语	2	18.0	陈汉忠	
2015计算机网络技术1班	0502270B	Linux服务器配置与管理	4	18.0	黄斌	
2015计算机网络技术1班	0502801B	网络互联技术	4	18.0	王兰	
2015计算机网络技术1班	0502231B	java程序设计（+课程设计）	4	18.0	邱伟	
2015计算机网络技术1班	0502080B	AutoCad（+考证）	4	18.0	李逸	
2015计算机网络技术1班	0502050C	PHP课程设计	2	18.0	陈汉忠	
2015计算机网络技术1班	0502730B	网络安全技术	4	18.0	贺娟	
2015计算机网络技术1班	0502040C	网络综合布线技术	4	18.0	李霞	
1 2 下一页 共2页						
添加 删除						

图 10-13　开课表查询、删除页面

相关代码如下：

```html
<head>
<meta http-equiv="Content-Type" content="text/html; charset=utf-8" />
<link href="../styles/com.css" rel="stylesheet" />
<script src="../scripts/Com.js"></script>
<style type="text/css">
table {
    width: 90%;
    margin: 0 auto;
}
</style>
<title>开课信息</title>
</head>
<body>
<div style="Display:none">
<?php
    include "../Fun.php";
    include "../IsLogin.php";
?>
</div>
<script type="text/javascript">
function check()
{
    if (document.form1.major.value == "")
    {
        alert("请选择专业!");
        document.form1.major.focus();
        return false;
    }
    if (document.form1.term.value == "")
    {
        alert("请选择学期!");
        document.form1.term.focus();
        return false;
    }
}
</script>
<form method="post" name="form1">
<div align="center">
<font style="font-family:'华文新魏'; font-size:20px">开课表管理</font><br>
  <select name="major" id="major">
    <option value="">请选择专业</option>
    <?php
        $sqlx = "select distinct majorname from class";
        $rs1 = mysqli_query($conn, $sqlx);
        $row1 = mysqli_fetch_assoc($rs1);
        while($row1)
        {
            echo "<option value='".$row1["majorname"]."'>".$row1["majorname"]."</option>";
            $row1 = mysqli_fetch_assoc($rs1);
```

```php
            }
        ?>
    </select>
    <select name = "term">
        <option value = "">请选择学期</option>
        <?php
        $array = getdate();
            $year = $array["year"];
            $month = $array["mon"];
            if ( $month <= 7) for( $i = 0; $i < 3; $i++)
            {   echo "<option value = '".($year - $i - 1)."-".($year - $i)."(2)'>"
                    .($year - $i - 1)."-".($year - $i)."(2)</option>";
                echo "<option value = '".($year - $i - 1)."-".($year - $i)."(1)'>"
                    .($year - $i - 1)."-".($year - $i)."(1)</option>";
            }
            else for( $i = 0; $i < 3; $i++)
            {   echo "<option value = '".($year - $i)."-".($year - $i + 1)."(1)'>"
                    .($year - $i)."-".($year - $i + 1)."(1)</option>";
                echo "<option value = '".($year - $i - 1)."-".($year - $i)."(2)'>"
                    .($year - $i - 1)."-".($year - $i)."(2)</option>";
            }
        ?>
</select> 
<input name = "search" type = "submit" value = "查询" onclick = "return check()"/>
<br /><?php   //只有单击"查询"按钮或地址栏 page 有值,才能显示记录
if(isset( $_REQUEST["search"]) || isset( $_REQUEST["page"]))
{   if(isset( $_REQUEST["search"]))
    {   $_SESSION["major"] = $_REQUEST["major"];
        $_SESSION["offerterm"] = $_REQUEST["term"];
    }
    echo $_SESSION["offerterm"]."学期   ".$_SESSION["major"]."专业各班开课表";
}
?>
<table>
<thead>
    <tr>
        <th width = "25 %" align = "center">班级名称</th>
        <th width = "15 %" align = "center">课程号</th>
        <th width = "20 %" align = "center">课程名</th>
        <th width = "10 %" align = "center">周课时</th>
        <th width = "10 %" align = "center">周数</th>
        <th width = "10 %" align = "center">授课教师</th>
        <th width = "10 %" align = "center">删除<input type = 'checkbox' id = 'CBox'
        onClick = 'checkall(this.form)'/></th>
    </tr>
</thead>
<?php
    if(isset( $_REQUEST["del"]))             //单击"删除"按钮,删除所选数据并重新加载数据
    {
        $id = @ $_REQUEST["T_id"];           //$id 为数组名,每个元素为: $classid - $courseid
        if(! $id) echo "<script>alert('请至少选择一条记录!');</script>";
```

```php
    else{
        foreach( $id as $x)                //$x 的格式为 '$classid - $courseid'
          { $ch = explode(" - ", $x);      //使用" - ",将 $x 分为若干个子串,并存入数组中
            $delsql = "delete from offercourse where classid = '". $ch[0]."' and courseid =
            '". $ch[1]."'";
            mysqli_query( $conn, $delsql);
          }
        echo "< script > alert('删除成功!');</script >";
    }
    $sql = " SELECT distinct class. classid, enrollyear, class. majorname, classname, course.
    courseid, coursename, weekhour, weeknum, teachername FROM offercourse, course, class,
    teacher WHERE offercourse. courseid = course. courseid and offercourse. classid = class.
    classid and teacher. teacherid = offercourse. teacherid and offerterm = '". $_SESSION["
    offerterm"]."' and class. majorname = '". $_SESSION["major"]."' order by class.classid";
    if (!isset( $_REQUEST["page"])) loadinfo( $sql);
}

if(isset( $_REQUEST["search"]) || isset( $_REQUEST["page"]))
//只有单击"查询"按钮或地址栏 page 有值,才能显示记录
{
    $sql = " SELECT distinct class. classid, enrollyear, class. majorname, classname,
    course. courseid, coursename, weekhour, weeknum, teachername FROM offercourse, course,
    class, teacher WHERE offercourse. courseid = course. courseid and offercourse. classid
    = class. classid and teacher. teacherid = offercourse. teacherid and offerterm = '". $
    _SESSION["offerterm"]."' and class. majorname = '". $_SESSION ["major"]."' order by class.
    classid"; loadinfo( $sql);
}
function loadinfo( $sqlstr)
{
$result = mysqli_query( $conn, $sqlstr);
$total = mysqli_num_rows( $result);
if (isset( $_REQUEST["search"])) $page = 1;   //每次单击"查询"按钮,从第 1 页开始显示
else $page = isset( $_REQUEST['page'])?intval( $_REQUEST['page']):1;
//获取地址栏中 page 的值,不存在则设为 1
$num = 10;                           //每页显示 10 条记录
$url = 'Offercourse. php';           //本页 URL
$pagenum = ceil( $total/ $num);      //获得总页数,ceil()返回不小于 x 的最小整数
$prepg = $page - 1;                  //上一页
$nextpg = ( $page == $pagenum? 0: $page + 1);   //下一页
//limit m,n: 从 m + 1 号记录开始,共检索 n 条
$new_sql = $sqlstr." limit ". ( $page - 1) * $num.",". $num;    //按每页记录数生成查询语句
$new_result = mysqli_query( $conn, $new_sql);
if( $new_row = @mysqli_fetch_array( $new_result))
//数组 $new_row 的键名可为整数或字段名
{   //若有查询结果,以表格形式输出
    do
    {
        list ( $classid, $enrollyear, $majorname, $classname, $courseid, $coursename,
        $weekhour, $weeknum, $teachername) = $new_row;
        //数组的键名为从 0 开始的连续整数
        echo "< tr >";
```

```php
        echo "< td width = '25 % '>". $enrollyear. $majorname. $classname."</td>";
        echo "< td width = '15 % '>< a href = 'Offercourse_update.php?
        classid = $classid&courseid = $courseid'>$courseid </a ></td >";
        echo "< td width = '20 % '>$coursename </td >";
        echo "< td width = '10 % '>$weekhour </td >";
        echo "< td width = '10 % '>$weeknum </td >";
        echo "< td width = '10 % '>$teachername </td >";
        echo "< td width = '10 % '>< input type = 'checkbox' name = 'T_id[ ]' value = '$classid
        - $courseid' /></td >";
        echo "</tr>";
    }while( $new_row = mysqli_fetch_array( $new_result));
    //开始分页导航条代码
    $pagenav = "";
    if( $prepg )                    //如果当前显示第一页,则不会出现"上一页"
        $pagenav. = "< a href = '$url?page = $prepg'>上一页</a > ";
    for( $i = 1; $i <= $pagenum; $i++)   //$pagenum 为总页数
    { if( $page == $i ) $pagenav. = "< b >< font color = '#FF0000'>$i </font ></b >  ";
        else $pagenav. = " < a href = '$url?page = $i'>$i". " </a >";
    }
    if( $nextpg)//如果当前显示最后一页,则不会出现"下一页"
        $pagenav. = " < a href = '$url?page = $nextpg'>下一页</a >";
    $pagenav. = "  共". $pagenum."页";
    //输出分页导航
    echo "< tr >< td colspan = '7' align = 'center'>". $pagenav."</td ></tr >";
    }
    else echo "< tr >< td colspan = '7' align = 'center'>暂无记录</td ></tr >";
}
if(isset( $_REQUEST["add"]))            //单击"添加"按钮
{
    header("Location:Offercourse_add.php");
}
?>
< tr >
    < td colspan = '7' align = "center">< input type = 'submit' name = 'add' value = '添加' />
        < input type = 'submit' name = 'del' value = '删除' onClick =
    "delcfm()" />     </td >
</tr >
</table >
</div >
</form >
</body >
```

2. Offercourse_add.php 开课表添加页面

管理员选择一个班级序号,就能在下拉框中级联出该班级所开设的全部课程,该下拉框的选项文本是课程名称,value 值是课程号。向一个班级添加一门课程,先检查开课表是否存在此班级序号和课程号的记录,如果此班级序号和课程号已存在,则提示重选课程。运行界面如图 10-14 所示。

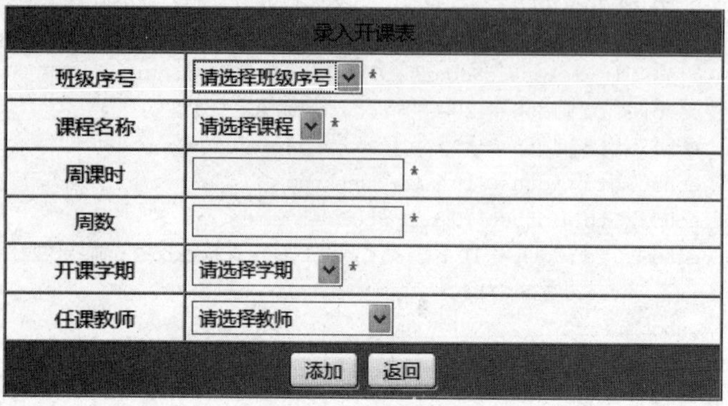

图 10-14　开课表添加页面

相关代码如下：

```
<head>
<meta http-equiv = "Content-Type" content = "text/html; charset = utf-8" />
<title>开课表录入</title>
<script src = "../scripts/Com.js"></script>
<style type = "text/css">
<!--
.STYLE1 {color: #FF0000}
#table2 {
    width: 500px;
    margin: 0 auto;
}
body,td,th {
    font-size: 14px;
}
-->
</style>
<div style = 'Display:none'>
<?php
  include "../Fun.php";                  //选择数据库
  include "../IsLogin.php";              //判断用户是否登录
?>
</div>
<script type = "text/javascript">
//选择班级序号改变课程
function change()
{
    var kcs = document.form1.classid.value;
    if (kcs == "") {window.alert("班级序号不能为空");document.form1.classid.focus();}
    var kc = kcs.split("|"); //按"|"将kcs分成若干子串,并依次存入数组中,kc长度为"|"的个
    数+1
    for(i = 0;i<(kc.length-1)/2;i++)  //courseid的value值为课程号,text值为课程名
    {    with(document.form1.courseid)
        {    length = (kc.length-1)/2+1; //原有一个选项
            options[i+1].value = kc[2*i];
```

```
                options[i + 1].text = kc[2 * i + 1];
            }
        }
    }
</script>
</head>
<body>
<?php
  if (isset($_REQUEST["add"]))
  {
    $test = 1;                           //只要$test=0,表单信息就无法提交
    $id = explode("|", $_REQUEST["classid"]);
    //使用"|",将字符串分为若干个子串,并存入数组中
    foreach($id as $x) $classid = $x;
    $courseid = $_REQUEST["courseid"];
    $weekhour = $_REQUEST["weekhour"];
    $weeknum = $_REQUEST["weeknum"];
    $offerterm = $_REQUEST["offerterm"];
    $teacherid = $_REQUEST["teacherid"];
    //若正则表达式含^、$,只有正则表达式与字符串完全匹配,该函数才返回1
    if ($classid == "") { $classid1 = "必须选择班级序号!"; $test = 0;}
    if ($courseid == "") { $courseid1 = "必须选择课程名称!"; $test = 0;}
    if ($test == 1)
    {  $sql = "select * from offercourse where classid = '$classid' and courseid = '$courseid'";
        $result = mysqli_query($conn, $sql);
        if (mysqli_num_rows($result) >= 1)
        { $courseid1 = "选择的课程名称已经存在,请重选!"; $test = 0;}
    }
    if ($weekhour == "") { $weekhour1 = "必须输入周课时!"; $test = 0;}
    elseif(preg_match('/^\d{1,2}$/', $weekhour) == 0)
    { $weekhour1 = "周课时必须为整数!"; $test = 0;}
    if ($weeknum == "") { $weeknum1 = "必须输入周数!"; $test = 0;}
    elseif(preg_match('/^\d + (\.\d)?$/', $weeknum) == 0)
    { $weeknum1 = "周数只能整数或保留一位小数!"; $test = 0;}
    if ($offerterm == "") { $offerterm1 = "必须选择开设学期!"; $test = 0;}
    if ($test == 1)
    {  $sql = "insert into offercourse values('$classid','$courseid', $weekhour,
        $weeknum,'$offerterm','$teacherid')";
        mysqli_query($conn, $sql);
        echo "<script language = 'javascript'> alert('插入成功!');</script>";
    }
  }
?>
<table border = "0" cellpadding = "0" cellspacing = "0" width = "100%" id = "table1">
  <tr>
    <td><form action = "" method = "post" name = "form1">
    <table border = "1" cellpadding = "4" cellspacing = "0" width = "500px" id = "table2"
    bordercolor = "#328EBE">
        <tr>
          <td colspan = "2" align = "center" bgcolor = "#328EBE"> 录入开课表</td>
        </tr>
```

```
            <tr>
              <td width = "25%" align = "center">班级序号</td>
              <td width = "75%" align = "left"><select name = "classid" id = "classid" onChange =
              "change()">
                <option value = "">请选择班级序号</option>
<?php
      //在 php 脚本中嵌入 JavasCript 语句
      $sqlx = "select * from class order by  classid";
      $rs1 = mysqli_query( $conn, $sqlx);
      $row1 = mysqli_fetch_assoc( $rs1);
      //每取出一个班级序号，就查看其专业，并输出其全部课程
      while( $row1)
      {   $zy = $row1["majorname"];
          $sqlx = "select distinct courseid, coursename from course where majorname = '$zy' or
          majorname = '公共课'";
          $rs2 = mysqli_query( $conn, $sqlx);
          $row2 = mysqli_fetch_assoc( $rs2);
          $course = "";
          while( $row2)
          {
              $course. = $row2["courseid"]."|". $row2["coursename"]."|";
              $row2 = mysqli_fetch_assoc( $rs2);
          }
          echo "<option value = '". $course. $row1["classid"]."'>". $row1["classid"].
          "</option>";
          $row1 = mysqli_fetch_assoc( $rs1);
      }
?>
            </select>
            <font color = "#FF0000">*</font><?php echo "<font size = '2' color = 'FF0000'>".@
            $classid1."</font>";?>
            </td>
            </tr>
              <tr>
              <td width = "25%" align = "center">课程名称</td>
              <td width = "75%" align = "left"><select name = "courseid" id = "courseid">
                <option value = "">请选择课程</option>
              </select>
              <font color = "#FF0000">*</font><?php echo "<font size = '2' color = 'FF0000'
              >".@ $courseid1."</font>";?>
            </td>
            </tr>
            <tr>
              <td width = "25%" align = "center">周课时</td>
              <td width = "75%" align = "left"><input type = "text" name = "weekhour" size = "
              20" value = "" id = "weekhour"/>
              <font color = "#FF0000">*</font><?php echo "<font size = '2' color = 'FF0000'
              >".@ $weekhour1."</font>";?></td>
            </tr>
            <tr>
              <td width = "25%" align = "center">周数</td>
```

```
       <td width="75%" align="left"><input name="weeknum" type="text" id=
       "weeknum" size="20" /><font color="#FF0000">*</font><?php echo "<font size
       ='2' color='FF0000'>".@$weeknum1."</font>";?></td>
     </tr>
     <tr>
       <td align="center">开课学期</td>
       <td align="left"><select name="offerterm" id="offerterm">
       <option value="">请选择学期</option>
<?php
   $array = getdate();
   $year = $array["year"];
   $month = $array["mon"];
   if ($month <= 7) for($i = 0; $i < 3; $i++)
   {
       echo  "<option>".($year - $i - 1)."-".($year - $i)."(2)</option>";
       echo  "<option>".($year - $i - 1)."-".($year - $i)."(1)</option>";
   }
   else  for($i = 0; $i < 3; $i++)
   {
       echo  "<option>".($year - $i)."-".($year - $i + 1)."(1)</option>";
       echo  "<option>".($year - $i - 1)."-".($year - $i)."(2)</option>";
   }
?>
     </select>
     <font color="#FF0000">*</font><?php echo "<font size='2' color='FF0000'>".
     @$offerterm1."</font>";?></td>
     </tr>
     <tr>
       <td width="25%" align="center">任课教师</td>
       <td width="75%" align="left"><select name="teacherid" id="teacherid">
         <option value="">请选择教师</option>
           <?php
             $sql = "select * from teacher order by  teacherid,teachername";
             $rs1 = mysqli_query($conn, $sql);
             $row1 = mysqli_fetch_assoc($rs1);
             while($row1)
             {  echo "<option value='".$row1["teacherid"]."'>".$row1["teacherid"]."
               ".$row1["teachername"]."</option>";
               $row1 = mysqli_fetch_assoc($rs1);
             }
           ?>
       </select></td>
     </tr>          <tr>
       <td colspan="2" align="center" bgcolor="#328EBE">
       <input   type="submit" name="add" value="添加" />
       <input   type="reset" name="back2" value="返回" onclick="location.href=
       'Offercourse.php'"/>
       </td>
       </tr>
   </table></form></td>
</tr>
```

```
</table>
</body>
```

3. Offercourse_update.php 开课表修改页面

首先接收从 Offercourse.php 页面传送过来的班级序号、课程号，然后显示该课程的班级序号、课程名称、周课时、周数、开课学期和任课教师。班级序号和课程号是主键，不能修改，但允许管理员修改课程的周课时、周数、开课学期和任课教师。

相关代码如下：

```html
< head >
< meta http - equiv = "Content - Type" content = "text/html; charset = utf - 8" />
< title >开课表修改</title >
< script src = "../scripts/Com. js"></script >
< style type = "text/css">
<! --
.STYLE1 {color: #FF0000}
#table2 {
    width: 500px;
    margin: 0 auto;
}
body, td, th {
    font - size: 14px;
}
-- >
</style >
< div style = 'Display:none'>
<?php
  include "../Fun.php";               //选择数据库
  include "../IsLogin.php";           //判断用户是否登录
?>
</div >
</head >
< body >
<?php
  $classid = $_REQUEST["classid"];        //班级序号、课程号是主键，不能修改
  $courseid = $_REQUEST["courseid"];
  if (isset( $_REQUEST["update"]))
  {
    $test = 1;                              //只要 $test = 0,表单信息就无法提交
    $weekhour = $_REQUEST["weekhour"];
    $weeknum = $_REQUEST["weeknum"];
    $offerterm = $_REQUEST["offerterm"];
    $teacherid = $_REQUEST["teacherid"];
    //若正则表达式含^、$,只有正则表达式与字符串完全匹配,该函数才返回 1
    if ( $weekhour == "") { $weekhour1 = "必须输入周课时!"; $test = 0;}
    elseif(preg_match('/^\d{1,2} $/', $weekhour) == 0)
    { $weekhour1 = "周课时必须为整数!"; $test = 0;}
    if ( $weeknum == "") { $weeknum1 = "必须输入周数!"; $test = 0;}
    elseif(preg_match('/^\d + (\.\d)? $/', $weeknum) == 0)
    { $weeknum1 = "周数只能整数或保留一位小数!"; $test = 0;}
```

```php
    if ( $offerterm == "") { $offerterm1 = "必须选择开设学期!"; $test = 0;}
    if ( $test == 1)
    {  $sql = "update offercourse set weekhour = $weekhour, weeknum = $weeknum, offerterm =
        '$offerterm', teacherid = ' $teacherid' where   classid = ' $classid' and courseid =
        '$courseid'";
        mysqli_query( $conn, $sql);
        echo "< script language = 'javascript'> alert('删除成功!');</script>";
    }
}


    $sql = "select * from offercourse where classid = '$classid' and courseid = '$courseid'";
    $result = mysqli_query( $conn, $sql);
    $row = mysqli_fetch_assoc( $result);
    $weekhour = $row["weekhour"];
    $weeknum = $row["weeknum"];
    $offerterm = $row["offerterm"];
    $teacherid = $row["teacherid"];
?>
< table border = "0" cellpadding = "0" cellspacing = "0" width = "100 % " id = "table1">
  < tr >
    < td > < form action = "" method = "post" name = "form1" >
    < table border = "1" cellpadding = "4" cellspacing = "0" width = "500px" id = "table2"
    bordercolor = "#328EBE">
        < tr >
          < td colspan = "2" align = "center" bgcolor = "#328EBE"> 修改开课表</td>
        </tr >
        < tr >
          < td width = "25 % " align = "center" >班级序号</td >
          < td width = "75 % " align = "left"> < input name = "classid" type = "text" id =
          "classid" value = "<?php   echo $classid;?>" readonly = "readonly" /></td>
        </tr >
        < tr >
          < td width = "25 % " align = "center">课程名称</td >
          < td width = "75 % " align = "left"> < input name = "courseid" type = "text" id =
          "courseid" value = "<?php echo $courseid;?>" readonly = "readonly" /></td>
        </tr >
        < tr >
          < td width = "25 % " align = "center" >周课时</td>
          < td width = "75 % " align = "left"> < input type = "text" name = "weekhour" size = "
          20" value = "<?php echo $weekhour;?>" />
          < font color = "#FF0000"> * </font > <?php echo "< font size = '2' color = 'FF0000'
          >". @ $weekhour1."</font >";?> </td>
        </tr >
        < tr >
          < td width = "25 % " align = "center">周数</td >
          < td width = "75 % " align = "left"> < input name = "weeknum" type = "text" id =
          "weeknum" value = "<?php echo $weeknum;?>" size = "20" />
          < font color = "#FF0000"> * </font > <?php echo "< font size = '2' color = 'FF0000'
          >". @ $weeknum1."</font >";?></td>
        </tr >
        < tr >
```

```php
    <td align = "center" >开课学期</td>
    <td align = "left"><select name = "offerterm" id = "offerterm">
    <option value = "">请选择学期</option>
<?php
    $array = getdate();
    $year = $array["year"];
    $month = $array["mon"];
    if ( $month <= 7) for( $i = 0; $i < 3; $i++)
    {   if ( $offerterm == ( $year - $i - 1)." - ".( $year - $i)."(2)")
            echo  "< option  selected >".( $year - $i - 1)." - ".( $year - $i)."(2)
            </option>";
        else echo  "< option >".( $year - $i - 1)." - ".( $year - $i)."(2)</option>";
        if ( $offerterm == ( $year - $i - 1)." - ".( $year - $i)."(1)")
            echo  "< option selected >".( $year - $i - 1)." - ".( $year - $i)."(1)
            </option>";
        else  echo  "< option >".( $year - $i - 1)." - ".( $year - $i)."(1)</option>";
    }
    else   for( $i = 0; $i < 3; $i++)
    {
        if ( $offerterm == ( $year - $i)." - ".( $year - $i + 1)."(1)")
            echo  "< option selected >".( $year - $i)." - ".( $year - $i + 1)."(1)
            </option>";
        else echo  "< option >".( $year - $i)." - ".( $year - $i + 1)."(1)</option>";
        if ( $offerterm == ( $year - $i - 1)." - ".( $year - $i)."(2)")
            echo  "< option selected >".( $year - $i - 1)." - ".( $year - $i)."(2)
            </option>";
        else echo  "< option >".( $year - $i - 1)." - ".( $year - $i)."(2)</option>";
    }
?>
    </select>
    < font color = " #FF0000" > * </font ><?php echo "< font size = '2' color = 'FF0000'
    >".@ $offerterm1."</font >";?></td >
    </tr >
    <tr >
    <td width = "25 %" align = "center">任课教师</td >
    <td width = "75 %" align = "left"><select name = "teacherid" id = "teacherid">
    < option value = "">请选择教师</option >
     <?php
        $sql = "select * from teacher order by  teacherid,teachername";
        $rs1 = mysqli_query( $conn, $sql);
        $row1 = mysqli_fetch_assoc( $rs1);
        while( $row1)
        {   if (strcmp( $teacherid, $row1["teacherid"]) == 0)
                echo "< option value = '". $row1["teacherid"]."' selected >". $row1
                ["teacherid"]." ". $row1["teachername"]."</option >";
            else   echo "< option value = '". $row1["teacherid"]."'>". $row1
                ["teacherid"]." ". $row1["teachername"]."</option >";
            $row1 = mysqli_fetch_assoc( $rs1);
        }
     ?>
    </select ></td >
```

```
      </tr>          <tr>
        <td colspan = "2" align = "center" bgcolor = "#328EBE">
      <input  type = "submit" name = "update" value = "修改" id = "update" />
      <input  type = "reset" name = "back2" value = "返回" onclick = "location. href =
      'Offercourse.php'"/>
        </td>
      </tr>
    </table></form></td>
  </tr>
</table>
</body>
```

10.4.6 学生成绩统计

Countscore.php 学生成绩统计页面。系统起始仅显示查询顶部,当系统管理员选择一个专业后,才能级联出该专业的所有班级。当系统管理员选择一个班级和一个学期,并单击"查询"按钮后,页面才会显示每位学生的单科成绩、总分、平均分和名次。运行界面如图 10-15 所示。

学号	姓名	网络综合布线技术	计算机英语	PHP课程设计	AutoCad (＋考证)	java程序设计 (＋课程设计)	Linux服务器配置与管理	网络安全技术	网络互联技术	总分	平均分	名次
1530505101	李凯辉	67	45	81	67	34	45	100	92	531	66.4	30
1530505102	陈芳忠	78	100	54	34	45	55	20	45	431	53.9	39
1530505103	邱伟发	82	70	99	36	67	65	30	56	505	63.1	34
1530505104	庄梓敏	81	20	80	67	78	75	40	67	508	63.5	33
1530505105	陈月得	67	65	100	6	89	80	75	78	560	70	24
1530505106	谢佛强	65	80	70	67	100	100	60	82	624	78	5
1530505107	邓钧元	66	80	80	36	60	98	80	90	590	73.8	16

请选择专业 请选择班级 请选择学期 查询
2015计算机网络技术1班 2016-2017(2)学期学生成绩统计表

图 10-15 学生成绩统计页面

相关代码如下:

```
<head>
<meta http-equiv = "Content-Type" content = "text/html; charset = utf-8" />
<script src = "../scripts/Com.js"></script>
<title>学生成绩统计</title>
<style type = "text/css">
table {
    width: 90%;
    margin: 0 auto;
}
</style>
<div style = "Display:none">
<?php
    include "../Fun.php";
```

```
        include "../IsLogin.php";
    ?>
    </div>
    </head>
    <body>
    <script type = "text/javascript">
    //选择专业改变班级
    function change()
    {
        var bms = document.form1.major.value;
        //bms 的值为:班级序号|入学年份 - 班名|班级序号|入学年份 - 班名|
        if (bms == "") {window.alert("专业名不能为空");document.form1.major.focus();}
        var bm = bms.split("|");
        //按"|"将 bms 分成若干子串,并依次存入数组中,bm 的长度为"|"的个数 + 1
        for(i = 0;i <(bm.length - 1)/2;i++)
        //class1 的 value 值为班级序号,text 值为"入学年份 - 班名"
        { with(document.form1.class1)
            {  length = (bm.length - 1)/2 + 1;
                options[i + 1].value = bm[2 * i];
                options[i + 1].text = bm[2 * i + 1];
            }
        }
    }
    function check()
    {
        if (document.form1.class1.value == "")
        {
            alert("请选择专业班!");
            document.form1.class1.focus();
            return false;
        }
        if (document.form1.term.value == "")
        {
            alert("请选择学期!");
            document.form1.term.focus();
            return false;
        }
    }
    </script>
    <form method = "post" name = "form1">
    <div align = "center">
    <font style = "font - family:'华文新魏'; font - size:20px">学生成绩统计</font>
        <br>
            <select name = "major" id = "major" onChange = "change()">
                <option value = "" >请选择专业</option>
                <?php
    $sqlx = "select distinct majorname from class";
    $rs1 = mysqli_query( $conn, $sqlx);
```

```php
$row1 = mysqli_fetch_assoc( $rs1);
//每取出一个专业,就输出其全部班级
while( $row1)
{    $zy = $row1["majorname"];
     $sqlx = "select distinct classid,enrollyear,classname from class where majorname =
     '$zy'";
     $rs2 = mysqli_query( $conn, $sqlx);
     $row2 = mysqli_fetch_assoc( $rs2);
     $class = "";
     while( $row2)
     {   $class .= $row2["classid"]."|". $row2["enrollyear"]." - ". $row2["classname"]."|";
         $row2 = mysqli_fetch_assoc( $rs2);
     }
?>
         < option value = "<?php echo $class;?>"><?php echo $row1["majorname"];?></
         option >
         <?php
     $row1 = mysqli_fetch_assoc( $rs1);
}
?>
     </select >
     < select name = "class1" id = "class1" >
       < option value = "" selected>请选择班级</option >
     </select >
     < select name = "term">
       < option value = "">请选择学期</option >
       <?php
     $array = getdate();
     $year = $array["year"];
     $month = $array["mon"];
     if ( $month <= 7) for( $i = 0; $i < 3; $i++)
     {     echo  "< option value = '".( $year - $i - 1)." - ".( $year - $i)."(2)'>"
           .( $year - $i - 1)." - ".( $year - $i)."(2)</option >";
           echo  "< option value = '".( $year - $i - 1)." - ".( $year - $i)."(1)'>"
           .( $year - $i - 1)." - ".( $year - $i)."(1)</option >";
      }
     else   for( $i = 0; $i < 3; $i++)
     {
           echo  "< option value = '".( $year - $i)." - ".( $year - $i + 1)."(1)'>"
           .( $year - $i)." - ".( $year - $i + 1)."(1)</option >";
           echo  "< option value = '".( $year - $i - 1)." - ".( $year - $i)."(2)'>"
           .( $year - $i - 1)." - ".( $year - $i)."(2)</option >";
     }
     ?>
     </select >
     < input name = "search" type = "submit" value = "查询" onclick = "return check()"/>
     < br />
  <?php
```

```php
if(isset( $_POST["search"]))
{
    $classid = $_POST["class1"];          //获取班级序号
    $term = $_POST["term"];               //获取开课学期
    $rs0 = mysqli_query( $conn,"select * from class where classid = '$classid'");
    $row0 = mysqli_fetch_array( $conn, $rs0);
    echo $row0 [ "enrollyear"]. $row0 [ "majorname"]. $row0 [ "classname"]. "   ".
    $term."学期学生成绩统计表";
    //取出指定班级的学生的学号、姓名
    $sql = "select * from student where classid = '$classid'";
    $rs1 = mysqli_query( $conn, $sql);
    $xss = mysqli_num_rows( $rs1);        //算出班级学生数 $xss
    $row1 = mysqli_fetch_array( $rs1);    //数组的键名可以是整数和字段名
    $i = 1;
    while( $row1)
    {                                     //自动建立数组 $no、$name
        $no[ $i] = $row1["studentid"];
        $name[ $i] = $row1["studentname"];
        $row1 = mysqli_fetch_array( $conn, $rs1);
        $i++;
    }
    //取出指定学期、指定班级所开设的课程号、课程名
    $sql = "select distinct course. courseid,coursename from course, offercourse where course.
    courseid = offercourse. courseid and classid = '$classid' and offerterm = '$term'";
    $rs2 = mysqli_query( $conn, $sql);
    $kcs = mysqli_num_rows( $rs2);        //算出课程门数 $kcs
    if ( $kcs == 0) echo "< br >< center >暂无记录</center >";
    else
    {
        $row2 = mysqli_fetch_array( $rs2);
        //每选择一门课程,就取出指定学期、指定班级的学生该门课程的成绩
        $i = 1;                           //$i 表示课程序号
    while( $row2)
    {   //自动建立数组 $kcm
        $kcm[ $i] = $row2["coursename"];  //$kcm 存放课程名
        $courseid = $row2["courseid"];
        $sql = "select * from score,student   where score. studentid = student. studentid   and
        classid = '$classid' and offerterm = '$term' and courseid = '$courseid'";
        $rs3 = mysqli_query( $conn, $sql);
        $row3 = mysqli_fetch_array( $rs3);
        $j = 1;   //$j 表示学生序号
        while( $row3)
        {
            //自动建立数组 $course
            $course[ $j][ $i] = $row3["score"];    //第 $j 位学生第 $i 号课的成绩
            $row3 = mysqli_fetch_array( $rs3);
            $j++;
        }
    }
```

```php
        $row2 = mysqli_fetch_array( $rs2 );
        $i++;
    }
    //算出每位学生的总分、平均分
    for( $i = 1; $i <= $xss; $i++ )
    {                                                  //自动建立数组
        $sum[ $i] = 0;
        $sum_sort[ $i] = 0;
        for ( $j = 1; $j <= $kcs; $j++ )
        { $sum[ $i] += @ $course[ $i][ $j];        //第 $i 位学生第 $j 号课的成绩
          $sum_sort[ $i] += @ $course[ $i][ $j];
        }
        $avg[ $i] = round( $sum[ $i]/ $kcs,1 ); //四舍五入到 1 位小数.
    }
    rsort( $sum_sort );
    //对数组 $sum_sort 的值降序排序,数组的键名修改为从 0 开始的整数
echo "< table width = '100 % ' border = '1' cellspacing = '0'>";
    echo "< tr >";
    echo "< td align = 'center'>学号</td>";
    echo "< td align = 'center'>姓名</td>";
    for ( $j = 1; $j <= $kcs; $j++ )
        echo   "< td align = 'center' width = '7 % '>". $kcm[ $j]."</td>";
    echo "< td align = 'center'>总分</td>";
    echo   "< td align = 'center'>平均分</td>";
    echo "< td align = 'center'>名次</td>";
    echo "</tr>";
    for( $i = 1; $i <= $xss; $i++ )
    {
        echo "< tr >";
        echo "< td align = 'center'>". $no[ $i]."</td>";
        echo "< td align = 'center'>". $name[ $i]."</td>";
        for ( $j = 1; $j <= $kcs; $j++ )
            echo   "< td align = 'center' width = '7 % '>". @ $course[ $i][ $j]."</td>";
        echo "< td align = 'center'>". $sum[ $i]."</td>";
        echo   "< td align = 'center'>". $avg[ $i]."</td>";
        for ( $j = 0; $j < $xss; $j++ )
        if ( $sum[ $i] == $sum_sort[ $j]) {
            echo "< td align = 'center'>".( $j + 1)."</td>";
            break;
        }
        echo "</tr>";
    }
    echo "</table>";
    }
}
?>
</div>
</form>
</body>
```

10.5 任课教师子系统的实现

当任课教师登录后,用户权限主页 Index.php 的运行界面如图 10-16 所示,单击左边的功能菜单,就会在右边显示执行结果。

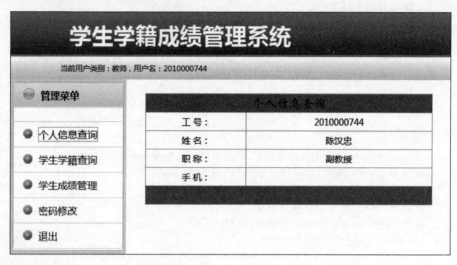

图 10-16 个人信息页面

10.5.1 学生学籍查询

Student.php 学生学籍查询页面。系统起始仅显示查询顶部,当任课教师选择一个学期后,才能级联出该学期任教的班级,当任课教师选择一个班级,并单击"查询"按钮后,页面才会分页显示查询结果。运行界面如图 10-17 所示。

学号	姓名	性别	出生日期	总学分
1530505101	李凯辉	男	1992-01-01	0
1530505102	陈芳忠	男	1992-01-01	0
1530505103	邱伟发	男	1992-01-01	0
1530505104	庄梓敏	女	1992-01-01	0
1530505105	陈月得	女	1992-01-01	0
1530505106	谢佛强	男	1992-01-01	0
1530505107	邓钧元	男	1992-01-01	0
1530505108	黄惠德	男	1992-01-01	0
1530505109	郭梓翰	男	1992-01-01	0
1530505110	陈仕杰	男	1992-01-01	0

1 2 3 4 下一页 共4页

图 10-17 学生学籍查询页面

相关代码如下:

```html
<head>
<meta http-equiv="Content-Type" content="text/html; charset=utf-8" />
<link href="../styles/com.css" rel="stylesheet" />
<script src="../scripts/Com.js"></script>
<style type="text/css">
table {
    width: 70%;
    margin: 0 auto;
}
</style>
<title>学生学籍查询</title>
</head>
<body>
<div style='Display:none'>
<?php
  include "../Fun.php";
  include "../IsLogin.php";
  $userid = $_SESSION["userid"];
?>
</div>
<script type="text/javascript">
function change()
{
    //选择任教学期改变任教班级
    var bms = document.form1.term.value;
    if (bms == "") {window.alert("任教学期不能为空");document.form1.term.focus();}
    var bm = bms.split("|");
    //按"|"将bms分成若干子串,并依次存入数组中,bm的长度为"|"的个数+1
    for(i=0;i<(bm.length-1)/2;i++)
    //class1的value值为班级序号,text值为"入学年份+专业名+班名"
    {   with(document.form1.class1)
        {   length = (bm.length-1)/2+1;
            options[i+1].value = bm[2*i];
            options[i+1].text = bm[2*i+1];
        }
    }
}
function check()
{
    if(document.form1.term.value == "")
    {   alert("请选择任教学期!");
        document.form1.term.focus();
        return false;
    }
    if(document.form1.class1.value == "")
    {   alert("请选择任教班级!");
        document.form1.class1.focus();
        return false;
    }
}
</script>
<form method="post" name="form1">
```

```php
<div align = "center">
<font style = "font - family:'华文新魏'; font - size:20px"  >学生学籍查询</font><br>
<select name = "term" id = "term" onChange = "change()">
    <option value = "">请选择学期</option>
        <?php
            $sql = "select distinct offerterm from offercourse where teacherid = '$userid'
             order by offerterm desc";
            $rs1 = mysqli_query( $conn, $sql);
            $row1 = mysqli_fetch_assoc( $rs1);
            //每读取一个学期,就能检索出自己在本学期任教的班级
            while( $row1)
            {   $xq = $row1["offerterm"]; //开课学期
                $sql = "select distinct class.classid, enrollyear, majorname, classname   from
                class, offercourse where class.classid = offercourse.classid and teacherid =
                '$userid' and offerterm = '$xq'";
                $rs2 = mysqli_query( $conn, $sql);
                $row2 = mysqli_fetch_assoc( $rs2);
                $bxs = "";   //班级序号
                while( $row2)
                { $bxs .= $row2["classid"]."|". $row2["enrollyear"]. $row2["majorname"].
                 $row2["classname"]."|";
                $row2 = mysqli_fetch_assoc( $rs2);
                }
        ?>
        <option value = "<?php echo $bxs;?>"><?php echo $xq;?></option>
        <?php
            $row1 = mysqli_fetch_assoc( $rs1);
            }
        ?>
</select>  
<select name = "class1" id = "class1">
  <option value = "">请选择任教班级</option>
</select>
<input name = "search" type = "submit" value = "查询" onclick = "return check()"/>
  <br />
<?php                //只有单击"查询"按钮或地址栏 page 有值,才能显示记录
        if(isset( $_REQUEST["search"]) || isset( $_REQUEST["page"]))
        {   if(isset( $_REQUEST["search"])) $_SESSION["classid"] = $_REQUEST["class1"];
            $sqlx = "select * from class where classid = '". $_SESSION["classid"]."'";
            $rs3 = mysqli_query( $conn, $sqlx);
            $row3 = mysqli_fetch_assoc( $rs3);
            echo $row3["enrollyear"]. $row3["majorname"]. $row3["classname"]."学生名单";

        }
?>
<table>
<thead>
    <tr>
        <th width = "20 %">学号</th>
        <th width = "20 %">姓名</th>
        <th width = "20 %">性别</th>
```

```
            <th width = "20%">出生日期</th>
            <th width = "20%">总学分</th>
        </tr>
</thead>
<?php
if(isset( $_REQUEST["search"]) || isset( $_REQUEST["page"]))
//只有单击"查询"按钮或地址栏 page 有值,才能显示记录
{
    $sql = "select * from student where classid = '". $_SESSION["classid"]."'";
    loadinfo( $sql);
}
function loadinfo( $sqlstr)
{
    $result = mysqli_query( $conn, $sqlstr);
    $total = mysqli_num_rows( $result);
    if (isset( $_REQUEST["search"])) $page = 1;    //每次单击"查询"按钮,从第 1 页开始显示
    $page = isset( $_REQUEST['page'])?intval( $_REQUEST['page']):1;
    //获取地址栏中 page 的值,不存在则设为 1
    $num = 15;                                    //每页显示 15 条记录
    $url = 'Student.php';                         //本页 URL
    $pagenum = ceil( $total/ $num);               //获得总页数,ceil()返回不小于 x 的最小整数
    $prepg = $page - 1;                           //上一页
    $nextpg = ( $page == $pagenum? 0: $page + 1);  //下一页
    //limit m,n: 从 m + 1 号记录开始,共检索 n 条
    $new_sql = $sqlstr." limit ".( $page - 1) * $num.",". $num; //按每页记录数生成查询语句
    $new_result = mysqli_query( $conn, $new_sql);
    if( $new_row = @mysqli_fetch_array( $new_result))
    {                                             //若有查询结果,以表格形式输出
        do
        {
            list( $id, $name, $pwd, $sex, $birthday, $classid, $credit) = $new_row;
            //数组的键名为从 0 开始的连续整数
            echo "<tr>";
            echo "<td width = '20%'>$id</td>";
            echo "<td width = '20%'>$name</a></td>";
            echo "<td width = '20%'>$sex</td>";
            echo "<td width = '20%'>$birthday</td>";
            echo "<td width = '20%'>$credit</td>";
            echo "</tr>";
        }while( $new_row = mysqli_fetch_array( $new_result));
        //开始分页导航条代码
        $pagenav = "";
        if( $prepg)                               //如果当前显示第一页,则不会出现"上一页"
            $pagenav. = "<a href = '$url?page = $prepg'>上一页</a> ";
        for( $i = 1; $i <= $pagenum; $i++)        //$pagenum 为总页数
        {
            if( $page == $i) $pagenav. = "<b><font color = '#FF0000'> $i </font>
            </b> ";
            else $pagenav. = " <a href = '$url?page = $i'>$i"." </a>";
        }
        if( $nextpg)                              //如果当前显示最后一页,则不会出现"下一页"
```

```
            $pagenav. = " <a href = '$url?page= $nextpg'>下一页</a>";
        $pagenav. = "  共". $pagenum."页";
        //输出分页导航
        echo "<tr><td colspan = '5'>". $pagenav."</td></tr>";
    }
    else
        echo "<tr><td colspan = '5'>暂无记录</td></tr>";
}
?>
</table>
</div>
</form>
</body>
```

10.5.2 学生成绩管理

Score.php 学生成绩管理页面。系统起始仅显示查询顶部，当任课教师选择一个学期后，才能级联出该学期任教的班级，当任课教师再选择一个班级，并单击“查询”按钮后，系统会检查任教班级中的学号、任教课程号在成绩表中是否有相应记录，若有则跳过，若无则自动插入（包括学号、课程号、开设学期），然后在页面的中下部分页显示查询结果。运行界面如图 10-18 所示。

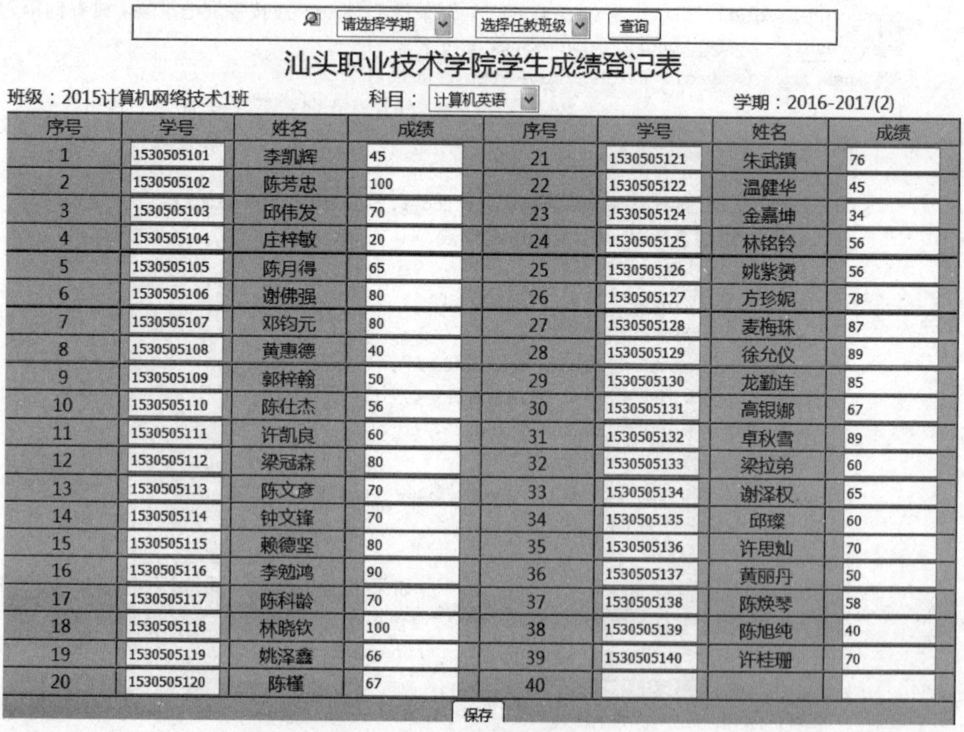
请选择学期 选择任教班级 查询

汕头职业技术学院学生成绩登记表

班级：2015计算机网络技术1班　科目：计算机英语　学期：2016-2017(2)

序号	学号	姓名	成绩	序号	学号	姓名	成绩
1	1530505101	李凯辉	45	21	1530505121	朱武镇	76
2	1530505102	陈芳忠	100	22	1530505122	温健华	45
3	1530505103	邱伟发	70	23	1530505124	金嘉坤	34
4	1530505104	庄梓敏	20	24	1530505125	林铭铃	56
5	1530505105	陈月得	65	25	1530505126	姚紫赟	56
6	1530505106	谢佛强	80	26	1530505127	方珍妮	78
7	1530505107	邓钧元	80	27	1530505128	麦梅珠	87
8	1530505108	黄惠德	40	28	1530505129	徐允仪	89
9	1530505109	郭梓翰	50	29	1530505130	龙勤连	85
10	1530505110	陈仕杰	56	30	1530505131	高银娜	67
11	1530505111	许凯良	60	31	1530505132	卓秋雪	89
12	1530505112	梁冠森	80	32	1530505133	梁拉弟	60
13	1530505113	陈文彦	70	33	1530505134	谢泽权	65
14	1530505114	钟文锋	70	34	1530505135	邱璨	60
15	1530505115	赖德坚	80	35	1530505136	许思灿	70
16	1530505116	李勉鸿	90	36	1530505137	黄丽丹	50
17	1530505117	陈科龄	70	37	1530505138	陈焕琴	58
18	1530505118	林晓钦	100	38	1530505139	陈旭纯	40
19	1530505119	姚泽鑫	66	39	1530505140	许桂珊	70
20	1530505120	陈槿	67	40			

保存

图 10-18　学生成绩管理页面

学号列为只读，但成绩列可增、删、改。任课教师对学生的课程成绩增、删、改后，单击

"保存"按钮即可。如果一位教师在同一个班级同时任教多门课程,则选择科目下拉框中的
另一门课程,页面立即显示另一门课程的学生成绩单。

相关代码如下:

```
< head >
< meta http - equiv = "Content - Type" content = "text/html; charset = utf - 8" />
< title >学生成绩管理</ title >
< style type = "text/css">
<! --
a {
    text - decoration: none;
}
.table1 {
    background - color: #9CC;
}
-->
</style >
< script language = "javascript">
function check( )
{
    if(document.form1.term.value == "")
    {   alert("请选择任教学期!");
        document.form1.term.focus( );
        return false;
    }
    if(document.form1.class1.value == "")
    {   alert("请选择任教班级!");
        document.form1.class1.focus( );
        return false;
    }
}


function change1( )
{   //选择任教学期改变任教班级
    var bms = document.form1.term.value;
    //bms 的值为: 班级序号|入学年份 + 专业名 + 班名号|...|开课学期
    if (bms == "") {window.alert("任教学期不能为空");document.form1.term.focus( );}
    var bm = bms.split("|");
    //按"|"将 bms 分成若干子串,并依次存入数组中,bm 的长度为"|"的个数 + 1
    for(i = 0;i<(bm.length - 1)/2;i++)
    {   with(document.form1.class1)
        {   length = (bm.length - 1)/2 + 1;
            options[i + 1].value = bm[2 * i];      //下拉框 class1 的 value 值为班级序号
            options[i + 1].text = bm[2 * i + 1];   // class1 的 text 值为"入学年份 + 专业名 + 班名"
        }
    }
}
</script >
< div style = 'Display:none'>
<?php
```

```
        include "../Fun.php";
        include "../IsLogin.php";
        $userid = $_SESSION["userid"];
?>
</div>
</head>
<body>
<?php
if (isset($_REQUEST["save"]))
{
    $kch = $_REQUEST["kch"];                    //$kch 为变量名
    $xh = $_REQUEST["xh"];                       //$xh 为数组名
    $score = $_REQUEST["score"];                 //$score 为数组名
    for($i = 0; $i < count($xh); $i++)
    { $sql = "update score set score = ". $score[$i]." where studentid = '". $xh[$i]."' and
      courseid = '$kch'";
      mysqli_query($conn, $sql);
    }
    echo "<script>alert('保存成功!');</script>";
}
$xq = @ $_REQUEST["term"];    //$xq 为班级序号|入学年份+专业名+班名号|...|开课学期
$bx = @ $_REQUEST["class1"]; //$bx 为班级序号
if ($xq!= "" && $bx!= "")
{
    //取出选中学期,并存入 $xq1 中
    $xqs = explode("|", $xq);
    //使用"|",将字符串分为若干个子串,并存入数组中,数组的长度 = "|"的个数 + 1
    $xq1 = $xqs[count($xqs) - 1]; //$xq1 为选中的学期,数组元素的最大下标为数组长度 - 1
    //取出班级序号对应的班级名称
    $sql = "select * from class where classid = '$bx'";
    $rs1 = mysqli_query($conn, $sql);
    $row1 = mysqli_fetch_assoc($rs1);
    $bm = $row1["enrollyear"]. $row1["majorname"]. $row1["classname"];
    //取出任课教师在指定学期、指定班级任教的课程号、课程名
    $sql = " select course. courseid, coursename from course, offercourse where course. courseid =
    offercourse.courseid and offerterm = '$xq1' and classid = '$bx' and teacherid = '$userid'";
    $rs2 = mysqli_query($conn, $sql);
    $row2 = mysqli_fetch_assoc($rs2); //有些教师在一个班级可能同时任教两门课程
    //检查任教班级中的学号、课程号在 score 表是否有相应记录,无则插入(包括学号、课程号、开设
      学期)
    $kchs = "";     //为下拉框 kch 填充选项
    $kcms = "";
    while($row2)
    {
        $kch = $row2["courseid"];
        $kcm = $row2["coursename"];
        $kchs = $kchs. $kch."|";
        $kcms = $kcms. $kcm."|";
        $sql = "select * from student where classid = '$bx'";
        $rs5 = mysqli_query($conn, $sql);
        $row5 = mysqli_fetch_assoc($rs5);
```

```php
        while( $row5)
        {    $xh = $row5["studentid"];
             $sql = "select * from score where studentid = '$xh' and courseid = '$kch'";
            $rs6 = mysqli_query( $conn, $sql);
            if (mysqli_num_rows( $rs6) == 0) //若不存在指定学号、课程号的记录,则插入
            {
                $sql = "insert into score(studentid, courseid, offerterm)
                values('$xh', '$kch', '$xq1')";
                mysqli_query( $conn, $sql);
            }
            $row5 = mysqli_fetch_assoc( $rs5);
        }
        $row2 = mysqli_fetch_assoc( $rs2);    //取出教师任教的下一门课
    }
//显示指定班级、指定课程号的学生成绩
    $a = explode('|', $kchs);         //使用'|',将字符串分为若干个子串,并存入数组 $a 中
    $kch = @ $_REQUEST["kch"];    //其中 kch 为下拉框的名称
    if ( $kch == "") $kch = $a[0];
    $sql = "select * from student, score, course where student. studentid = score. studentid and
    score. courseid = course. courseid and classid = '$bx' and course. courseid = '$kch'";
    $rs7 = mysqli_query( $conn, $sql);
    $count = mysqli_num_rows( $rs7);    //$count 为结果集 $rs7 的总人数
    if ( $count % 2 == 0)
    {    $part = $count/2;
        //limit m,n: 从 m + 1 号记录开始,共检索 n 条记录
        $rs7a = mysqli_query( $conn, $sql." limit 0, $part");
        $rs7b = mysqli_query( $conn, $sql." limit $part, $part");
    }
    else
    {    $part = (int)( $count/2 + 1);
        $rs7a = mysqli_query( $conn, $sql." limit 0, $part");
        $rs7b = mysqli_query( $conn, $sql." limit $part,".( $part - 1));
    }
    $row7a = mysqli_fetch_assoc( $rs7a);
    $row7b = mysqli_fetch_assoc( $rs7b);
}
?>
< form id = "form1" name = "form1" method = "post" action = "score. php">
< center>< font style = "font - family:'华文新魏'; font - size:20px">学生成绩管理</font >
</center >
< table width = "80 %" border = "0" align = "center" cellpadding = "0" cellspacing = "0" >
    < tr >
        < td height = "30">
            < table width = "70 %" border = "1" align = "center" cellpadding = "0" cellspacing =
            "0">
                < tr >
                    < td height = "25" align = "center">< img src = ".. /images/checkarticle. gif"
                    width = "15" height = "15" />  
                        < select name = "term" onChange = "change1()">
    < option value = "">请选择学期</option >
        <?php
```

```
                    $sql = "select distinct offerterm from offercourse where teacherid = '$userid'
                    order by offerterm desc";
                    $rs1 = mysqli_query( $conn, $sql);
                    $row1 = mysqli_fetch_assoc( $conn, $rs1);
                    //每读取一个学期,就能检索出自己在本学期任教的班级
                    while( $row1)
                    {   $xq2 = $row1["offerterm"]; //$xq2 为下拉框 term 的选项
                        $sql = "select distinct class.classid, enrollyear, majorname, classname  from
                        class, offercourse where class.classid = offercourse.classid and teacherid =
                        '$userid' and offerterm = '$xq2'";
                        $rs2 = mysqli_query( $conn, $sql);
                        $row2 = mysqli_fetch_assoc( $rs2);
                        $bxs = "";  //班级序号
                        while( $row2)
                        {  $bxs. = $row2["classid"]."|". $row2["enrollyear"]. $row2["majorname"].
                        $row2["classname"]."|";
                            $row2 = mysqli_fetch_assoc( $rs2);
                        }
            ?>
                    < option value = "<?php echo  $bxs. $xq2;?>"><?php echo  $xq2;?></option >
                        <?php
                    $row1 = mysqli_fetch_assoc( $rs1);
                }
        ?>
</select >   
                    < select name = "class1" id = "class1">
                        < option value = "">选择任教班级</option >
                    </select >  
< input type = "submit" name = "search" id = "search" value = "查询" onclick = "return check()"/
></td>
            </tr>
        </table >
    </td >
</tr >
<?php
if ( $xq!= "" && $bx!= "" )
{
?>
< tr >
    < td height = "35" align = "center">< font size = " + 2">汕头职业技术学院学生成绩登
    记表</font ></td>
</tr >
< tr >
    < td height = "255" valign = "top">
    < table width = "95 %" border = "0" align = "center" cellpadding = "2" cellspacing =
    "0">
        < tr >
            < td width = "38 %">班级: <?php echo  $bm;?></td >
            < td width = "38 %">科目:
```

```php
<select name = "kch" id = "kch" onchange = "change2()">
<?php
$a = explode('|', $kchs);   //$a: 存放课程号
$b = explode('|', $kcms);   //$b: 存放课程名
for( $i = 0; $i < count( $a ) - 1; $i++)
{?>
<option value = "<?php echo $a[ $i];?>" <?php if (strcmp( $a[ $i], $kch) == 0)
echo "selected";?> ><?php echo $b[ $i];?></option>
<?php } ?>
</select ></td >
<td width = "24 %">学期: <?php echo $xq1;?></td >
</tr >
</table >
<table width = "95 %" border = "1" align = "center" cellpadding = "0" cellspacing =
"0" class = "table1">
<tr >
<td width = "12 %" align = "center">序号</td >
<td width = "12 %" height = "20" align = "center">学号</td >
<td width = "12 %" height = "20" align = "center">姓名</td >
<td width = "14 %" height = "20" align = "center">成绩</td >
<td width = "12 %" align = "center">序号</td >
<td width = "12 %" height = "20" align = "center">学号</td >
<td width = "12 %" height = "20" align = "center">姓名</td >
<td width = "14 %" height = "20" align = "center">成绩</td >
</tr >
<?php
$i = 1;
while( $i < = $part)
{
?>
<tr >
<td width = "12 %" align = "center"><?php echo $i;?></td >
<td width = "12 %" height = "20" align = "center">< input name = "xh[ ]" type =
"text" id = "xh[ ]" value = "<?php echo $row7a[ "studentid"];?>" size = "10"
readonly = "true"  onKeyDown = "return false;"/></td >
<td width = "12 %" height = "20" align = "center"><?php echo $row7a
["studentname"];?></td >
<td width = "14 %" height = "20" align = "center">< input name = "score[ ]" type =
"text" id = "score[ ]" size = "10" onKeyDown = "if( event. keyCode == 13) return
false;" value = "<?php echo $row7a[ "score"]; ?>"/></td >
<td width = "12 %" align = "center"><?php echo $i + $part;?></td >
<td width = "12 %" height = "20" align = "center">< input name = "xh[ ]" type =
"text" id = "xh[ ]" value = "<?php echo @ $row7b[ "studentid"];?>" size = "10"
readonly = "true" onKeyDown = "return false;"/></td >
<td width = " 12 %" height = " 20" align = " center" > <? php echo @ $row7b
["studentname"];?></td >
<td width = "14 %" height = "20" align = "center">< input name = "score[ ]" type =
"text" id = "score[ ]" size = "10" onKeyDown = "if( event. keyCode == 13) return
false;" value = "<?php echo @ $row7b[ "score"]; ?>" <?php if ( $i > $count)
echo "readonly";   ?>/></td >
</tr >
<?php
```

```
                    $row7a = mysqli_fetch_assoc( $rs7a);
                    $row7b = mysqli_fetch_assoc( $rs7b);
                    $i++;
                    }
                    ?>
                    <tr>
                      <td height = "20" colspan = "8" align = "center"><input type = "submit" name =
                      "save" id = "save" value = "保存" /></td>
                    </tr>
                  </table>
                </td>
              </tr>
              <?php }?>
          </table>
      </form>
      <script language = "javascript">
      function change2()
      {   var x = document.form1.kch.value;
          window.location.replace("score.php?term = <?php echo $xq;?> &class1 = <?php echo $bx;?>
          &kch = " + x);
      }
      </script>
      </body>
```

10.6　学生子系统的实现

当学生登录后，用户权限主页 Index.php 的运行界面如图 10-19 所示，单击左边的功能菜单，就会在右边显示执行结果。

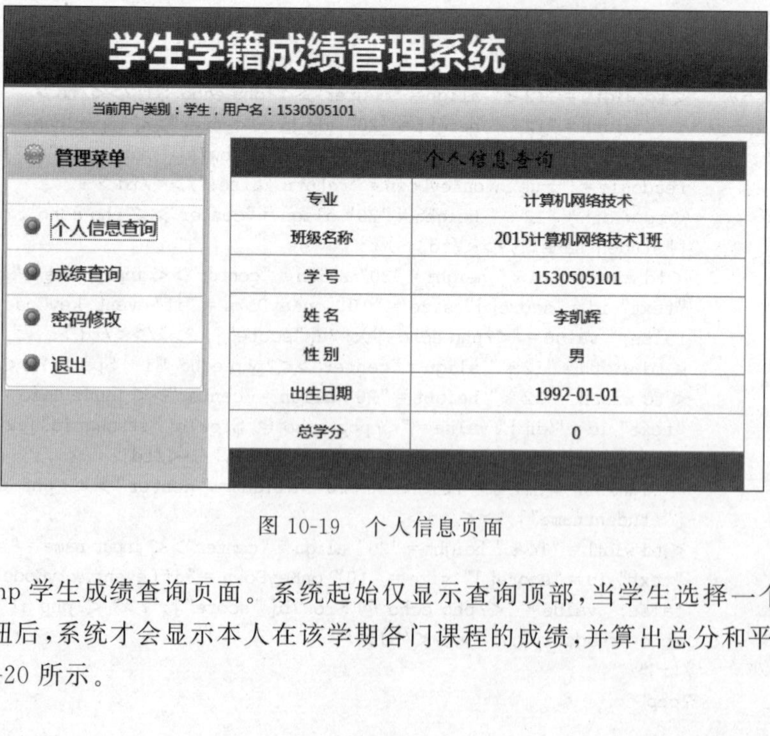

图 10-19　个人信息页面

Score.php 学生成绩查询页面。系统起始仅显示查询顶部，当学生选择一个学期，并单击"查询"按钮后，系统才会显示本人在该学期各门课程的成绩，并算出总分和平均分。运行界面如图 10-20 所示。

请选择学期 查询		
学号：1530505101，姓名：李凯辉　2016-2017(2)学期各课程成绩		
课程号	课程名称	分数
0502040C	网络综合布线技术	67
05020490	计算机英语	45
0502050C	PHP课程设计	81
0502080B	AutoCad（+考证）	67
0502231B	java程序设计（+课程设计）	34
0502270B	Linux服务器配置与管理	45
0502730B	网络安全技术	100
0502801B	网络互联技术	92
总分		531
平均分		66.4

图 10-20　学生成绩查询页面

相关代码如下：

```
<head>
<meta http-equiv = "Content-Type" content = "text/html; charset = utf-8" />
<link href = "../styles/com.css" rel = "stylesheet" />
<style type = "text/css">
table {
    width: 70 %;
    margin: 0 auto;
}
</style>
<script src = "../scripts/Com.js"></script>
<title>成绩查询</title>
<div style = "Display:none">
<?php
  include "../Fun.php";
  include "../IsLogin.php";
?>
</div>
<script language = "javascript">
function check()
{
    if(document.form1.term.value == "")
    {   alert("请选择学期!");
        document.form1.term.focus();
        return false;
    }
}
</script>
</head>
<body>
<form method = "post" name = "form1">
<div align = "center"><font style = "font-family:'华文新魏'; font-size:20px">成绩查询
</font><br>
```

```php
        <select name = "term">
          <option value = "">请选择学期</option>
          <?php
          $array = getdate();
          $year = $array["year"];
          $month = $array["mon"];
          if ( $month <= 7) for( $i = 0; $i < 3; $i++)
            {
                echo  "<option value = '".( $year - $i - 1)." - ".( $year - $i)."(2)'>"
                .( $year - $i - 1)." - ".( $year - $i)."(2)</option>";
                echo  "<option value = '".( $year - $i - 1)." - ".( $year - $i)."(1)'>"
                .( $year - $i - 1)." - ".( $year - $i)."(1)</option>";
            }
            else  for( $i = 0; $i < 3; $i++)
            {
                echo  "<option value = '".( $year - $i)." - ".( $year - $i + 1)."(1)'>"
                .( $year - $i)." - ".( $year - $i + 1)."(1)</option>";
                echo  "<option value = '".( $year - $i - 1)." - ".( $year - $i)."(2)'>"
                .( $year - $i - 1)." - ".( $year - $i)."(2)</option>";
            }
          ?>
        </select>
         
        <input type = "submit" name = "search"  value = "查询" onclick = "return check()"/>
<?php
if(isset( $_POST["search"]))//单击查询专业信息
{
    $userid = $_SESSION["userid"];
    $sql = "select * from student where studentid = '$userid'";
    $rs = mysqli_query( $conn, $sql);
    $row0 = mysqli_fetch_array( $rs);
    $term = $_POST["term"];
    $sql = "select * from score, course where score. courseid = course. courseid and score.
    studentid = '$userid' and offerterm = '$term'";
    $result = mysqli_query( $conn, $sql);
    echo "<br />学号: ". $userid.", 姓名: ". $row0["studentname"]."   ". $term.
    "学期各课程成绩";
}
?>
<table class = "table1">
        <thead>
        <tr>
            <th width = "30 % ">课程号</th>
            <th width = "50 % ">课程名称</th>
            <th width = "20 % ">分数</th>
        </tr>
        </thead>
    <?php
    $count = 0;
    $sum = 0;
    $row = mysqli_fetch_array( $result);   //数组的键名可以是整数和字段名
```

```
while( $row)
{
?>
    < tr >
    < td width = "30 % "><?php echo $row["courseid"];?></td>
    < td width = "50 % "><?php echo $row["coursename"];?></td>
    < td width = "20 % "><?php echo $row["score"];?></td>
    </tr >
<?php
 $count += 1;
 $sum += $row["score"];
 $row = mysqli_fetch_array( $result);
}
if ( $count > 0)
{
?>
  < tr >
    < td colspan = "2">总分</td>
    < td width = "20 % "><?php echo $sum; ?></td>
  </tr >
  < tr >
    < td colspan = "2">平均分</td>
    < td width = "20 % "><?php echo round( $sum/ $count,1); ?></td>
  </tr >
<?php
} else{
?>
  < tr > < td colspan = "3">暂无记录</td> </tr >
<?php
} ?>
</table >
<?php
}
?>
</div >
</form >
</body >
```

思考与练习

1. 在站点 stu_project 根目录下创建 Changepwd.php 网页,用于所有用户的密码修改。

2. 根据图 10-1,你认为各个文件的开发顺序是怎样的?

3. 为什么在系统入口页面 Login.php 要加入语句 session_destroy()?

4. 在 Navicat_Premium 中创建数据库 stu_db 和 8 个数据表之后,若要复制数据库,必须先做什么事情?

参 考 文 献

[1] 郑阿奇. PHP 实用教程[M]. 2 版. 北京：电子工业出版社，2014.

[2] 杨秋翔，董晓丽. 动态网站开发教程（Dreamweaver＋MySQL＋PHP）[M]. 北京：清华大学出版社，2016.

[3] 徐俊强，史香雯. PHP＋MySQL 动态网站设计实用教程[M]. 北京：清华大学出版社，2016.

[4] 唐四薪. PHP 动态网站开发[M]. 北京：清华大学出版社，2016.

[5] 唐四薪. PHP Web 程序设计与 Ajax 技术[M]. 北京：清华大学出版社，2016.

[6] 何俊斌，王彩. 从零开始学 PHP[M]. 北京：电子工业出版社，2014.

[7] 陈明忠，杨杰涌. PHP 动态网站开发案例教程[M]. 北京：清华大学出版社，2017.